基于事件触发的移动机器人预测控制技术

贺　宁　著

西安电子科技大学出版社

内 容 简 介

本书主要介绍基于事件触发模型预测控制算法的移动机器人控制技术和相应的实验内容。全书共10章：第1、2章是绪论和移动机器人建模；第3至6章分别阐述了多种情况下事件触发鲁棒预测控制策略；第7章介绍了基于机器学习的移动机器人预测控制参数整定技术；第8章研究了事件触发模型预测控制策略的网络安全问题；第9、10章主要为实验验证内容。书中不仅对多种创新方法进行了论述、分析和软件仿真，同时还结合具体移动机器人平台进行了实验，为书中提到的多种理论方法的实际应用提供了依据和参考。

本书内容丰富，叙述详细，可供高等院校机械工程、自动控制等相关领域的研究生或教师阅读，也可供有关工程技术人员或科研人员参考。

图书在版编目(CIP)数据

基于事件触发的移动机器人预测控制技术/贺宁著. —西安：西安电子科技大学出版社，2021.9

ISBN 978-7-5606-6250-3

Ⅰ.①基… Ⅱ.①贺… Ⅲ.①移动式机器人—机器人控制—研究 Ⅳ.①TP242

中国版本图书馆CIP数据核字(2021)第197337号

策划编辑 明政珠
责任编辑 刘嘉禾 雷鸿俊
出版发行 西安电子科技大学出版社(西安市太白南路2号)
电　　话 (029)88242885 88201467　　邮　　编 710071
网　　址 www.xduph.com　　电子邮箱 xdupfxb001@163.com
经　　销 新华书店
印刷单位 陕西博文印务有限责任公司
版　　次 2021年9月第1版 2021年9月第1次印刷
开　　本 787毫米×1092毫米 1/16 印张 9.5
字　　数 184千字
定　　价 51.00元
ISBN 978-7-5606-6250-3/TP

XDUP 6552001-1

前　言

本书系统性地论述了基于事件触发机制的移动机器人模型预测控制技术与应用。书中特别注重理论方法与具体移动机器人平台的结合，不仅对多种创新方法进行了论述、分析和软件仿真，同时还结合具体移动机器人平台进行了实验，这些实验为书中提到的多种理论方法的实际应用提供了依据和参考。

移动机器人系统是一类非线性、多约束、强耦合的多输入多输出系统，由于实际工况中模型参数时变特性及外部扰动等诸多不确定因素的存在，获取系统精确的数学模型十分困难，因此，采用常规控制策略一般难以使移动机器人达到期望的控制性能，亟须研究基于先进控制算法的机器人控制策略。模型预测控制凭借其在系统约束和多目标优化问题处理上的优势，在移动机器人控制领域获得了广泛的应用。本书的目的就在于使读者熟悉一些经过仿真和实验验证的方法和结论，抛砖引玉，希望引导读者对该领域有新的认识和见解。

本书的结构安排如下：第1章概述了本书的主要研究内容，介绍了模型预测控制和事件触发模型预测控制的研究背景和发展现状；第2章对移动机器人系统进行建模，并介绍了常规模型预测控制和常规事件触发模型预测控制的研究思路，作为后续预测控制算法设计的基础；针对现有移动机器人模型预测控制算法需要占用大量在线计算量和通信资源的问题，第3～6章开展了有界扰动下基于事件触发机制的移动机器人(轨迹跟踪)模型预测控制算法的研究，分别提出了基于阈值曲线和基于阈值带的事件触发预测控制算法、自触发预测控制算法、基于采样—传输—重构的控制策略和基于积分型事件触发的鲁棒预测控制算法；第7章介绍了基于机器学习的移动机器人模型预测控制参数整定的相关内容；第8章研究了事件触发模型预测控制策略的网络安全问题；第9、10章分别展示了基于轮式和履带式移动机器人的实验案例分析，系统地分析了预测控制算法的实验验证过程，实验结果表明，本书所提出的事件触发策略相较于传统的时间触发策略，能够有效地节省计算和通信资源，并具备良好的控制效果。

本书著者贺宁获加拿大阿尔伯塔大学控制理论专业工学博士学位，现任职于西安建筑科技大学。本书是著者在国家自然科学基金项目“基于鲁棒时域指标的不确定系统预测控制参数快速整定”(项目批准号：61903291)支持下开展的基础研究的总结。研究生徐中显、刘月笙、齐荔鹏、马凯、杜嘉伟等对本书的研究内容作出了重要贡献。在此，特向国家自然科学基金委及对本书作出贡献的研究生们表示衷心的感谢。

移动机器人控制理论内容繁多，涉及诸多学科领域。由于著者水平有限，书中难免有不当之处，敬请读者批评指正。

著　者

2021年7月

目　录

第 1 章　绪　论

移动机器人是一个高度复杂的综合集成系统，主要功能包括环境感知、决策规划、运动控制、数据处理等，其不仅涉及机械电子、传感技术、自动控制，还涉及网络通信、人工智能等领域知识，因此它也是一个多学科高度交叉融合的领域[1]。随着新一轮科技革命和产业变革的到来，移动机器人将赋能更多的行业进行数字化、智能化转型，这已然成为产业发展的大趋势[2]。移动机器人的研发、制造及应用的水平在一定程度上体现了一个国家的科技实力与制造水平，开展移动机器人关键技术的研发对于强化国家战略科技力量具有重要意义。

1.1　概　述

移动机器人本质上是一类信息物理融合系统(Cyber Physical System，CPS)，何积丰院士将信息物理融合系统定义为深度融合了计算、通信和控制能力的可控、可信、可拓展的网络化物理设备系统[3-4]。在移动机器人运动控制问题的研究中，通常将移动机器人视为一类典型的非完整、欠驱动系统，这使得采用常规的控制方法难以获得良好的控制效果，并且在运动过程中移动机器人通常受到很多约束，例如执行器饱和、移动范围约束等[5-6]。如果对这些约束只是进行简单的忽略，则有可能导致移动机器人的控制性能恶化甚至失稳，此外，当移动机器人工作条件变化或是零部件老化时，其实质特性也会随之变化，从而导致移动机器人与其数学模型间产生偏差，出现模型参数不精确、外加扰动等现象[7-8]。这些特性为该类系统控制器的设计提出了挑战。

上述问题激发了学者对移动机器人运动控制算法的研究热情。现阶段主流的运动控制算法包括滑模控制(Sliding Model Control，SMC)、模型预测控制(Model Predictive Control，MPC)和自适应控制等[9-13]。由于实际的移动机器人系统中包含了多种等式和不等式约束，而模型预测控制在处理带约束和多目标优化问题上有独特的优势，这使得其在移动机器人控制领域得到了广泛的应用[14-16]。虽然从理论上来说，鲁棒控制、最优控制和自适应控制也可以解决多变量约束控制优化问题，但是这些方法或要求系统的模型精度较高，或只能解决线性系统的控制问题[17-18]。作为一种基于模型的控制系统设计方法，由于优化问题中的系统模型可以使用描述系统动态行为的任意形式的模型，因而从原理上预测控制可以处理线性或非线性、时变或非时变系统的约束最优控制问题，这使得预测控制成为一种适用范围非常广泛的方法[19]。

由于预测控制在线求解优化问题时要求设备具有较高的算力，但在实际工程环境中，出于成本等方面的考虑，硬件设备的性能往往十分有限，比如移动机器人中广泛使用的嵌入式微处理器等。算力不足会导致优化问题无法及时求解，控制信号无法及时更新等问题，这最终会导致控制系统性能恶化甚至失稳。因此，降低预测控制的在线计算量成为近些年学者研究的热点。其中，采用非周期控制技术的基于事件触发机制的预测控制方法得到相当广泛的关注。具体地，基于事件触发机制的预测控制可以通过减少系统控制信号更新的频率来节省计算资源，降低优化问题的在线计算量，从而降低预测控制算法对移动机器人硬件设备的算力要求，降低使用成本。此外，移动机器人系统作为典型的信息物理融合系统，在进行控制器的设计时，除了考虑控制性能与算力要求之外，还应考虑通信资源的使用问题。具体来讲，传感器与控制器、控制器与执行器的信号通过通信网络进行传输和交换时，主要存在的问题就是通信带宽有限和网络攻击，这两种情况也会降低系统性能甚至导致系统失稳。基于事件触发机制的预测控制在减少控制信号更新次数的同时，由于其网络传输信号的特点而易遭受网络攻击，研究保证系统在承受一定的网络攻击时也能够保持稳定的算法具有重要意义。因此，针对移动机器人这一特殊的信息物理融合系统，在资源受限的情况下，设计一个能够保持系统控制性能，同时节省计算及通信等资源的事件触发预测控制策略，并分析其网络安全性能，不仅具有十分重要的理论价值，而且在实际系统中也有着非常广阔的应用前景。

1.2 模型预测控制的基本原理

模型预测控制的基本原理如图 1-1 所示，在每一采样时刻，预测系统未来一段时域 $[k, k+N_P]$（即预测时域）内的状态量，控制过程中，始终存在一条期望参考轨迹，在当前时刻 k，根据获得的当前测量信息 $\boldsymbol{x}(k)$，在线求解一个有限时域开环优化问题，并将所得控制序列 $\boldsymbol{U}_k^* = [\boldsymbol{u}^*(k|k), \boldsymbol{u}^*(k+1|k), \cdots, \boldsymbol{u}^*(k+N_P-1|k)]$ 的第一个元素作用于被控对象，在 $k+1$ 时刻，重复上述过程，用新的测量值刷新优化问题并重新求解，如此滚动地完成若干个带约束优化问题的求解，以实现被控对象的持续控制。

因此上述算法过程可总结为三个步骤：

(1) 预测系统未来动态。

(2) 求解开环优化问题。

(3) 将优化解的第一个元素作用于被控系统。

相应地，模型预测控制具备预测模型、滚动优化和反馈校正三大基本特点。

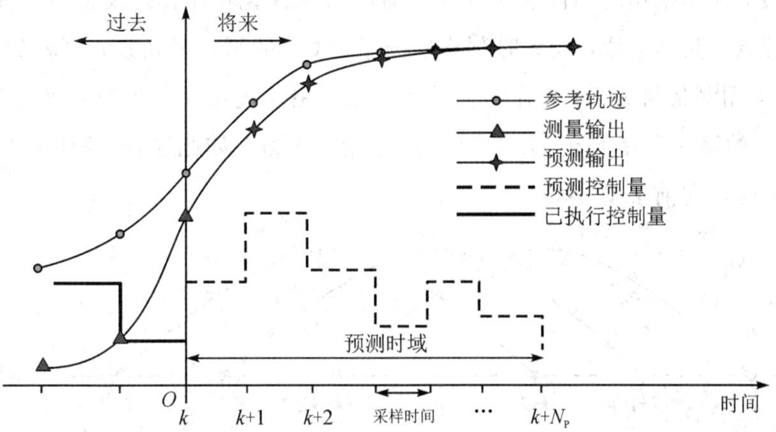

图1-1　模型预测控制原理示意图

预测模型：预测控制中首先需要获得控制对象的基础模型，可以用参数或者非参数来描述控制对象的模型。只要是能够通过系统中的过去信息和未来输入来预测未来的输出，都可以用来作为一个预测的模型。由此可知，预测模型不看重模型的形式，而是关注模型的预测功能，即先方法后形式。因此，预测控制没有了对模型结构和形式的严格要求，与传统控制算法相比，使算法的应用领域扩大并提供了新的建模思路。

滚动优化：预测控制器会将系统的预测输出传递给目标函数，然后通过求解目标函数的方法来对其进行优化，得到从当前某时刻开始到未来时刻有限步内的控制量，但只需要控制一步，当该步产生相应的作用，获得进一步的输出之后，基于实际和预测状态的不同，重新得到下一特定时段的输出，优化基于下一时刻开始到未来时刻有限步内的控制，同样也只要控制一步，这种周而复始的过程，正是滚动优化。其优点在于不考虑控制对象的变动，不论外界产生何种干扰，都能得到实时的根据当前实际情况变化的最优控制。它的最优控制也许不是全局性的，但是会提高系统的抗扰动能力和稳定性。

反馈校正：反馈校正能够提高系统的控制精度和稳定性。控制系统不可能一步控制到位，且控制的效果也不可能一开始就趋于稳定。当施加控制信号以后，测得的实际输出必须与预测输出相比较。将得到的误差和系统信息添加到目标函数中，用作下一步控制考量的因素。预测控制系统不断通过这种方式纠正期望输出和实际输出的偏差，增强预测结果的准确性，提高控制的高效性和稳定性，以提升系统控制的鲁棒性。这正是模型预测控制脱颖而出的原因。

预测模型主要通过描述对象动态行为从而预测系统未来的动态。由其算法思想可知，模型的表达形式并不重要，重要的是模型能基于当前的测量值预测系统未来动态，即能够根据系统的当前信息和未来的控制输入，预测其未来的输出值，因而模型预测控制具有对模型精度要求不高的优势。

滚动优化使模型预测控制算法区别于传统的离散最优控制算法，预测控制的优化目标

并非全局不变，而是采用时间向前滚动式的有限时域优化策略。其仅将控制序列的第一个元素作用于系统。具体来说，在 k 时刻将控制序列 $\boldsymbol{U}_k^*$ 的第一个元素 $\boldsymbol{u}^*(k|k)$ 作用于系统；在 $k+1$ 时刻，用测量值 $\boldsymbol{x}(k+1)$ 作为初始条件重新更新优化问题预测未来输出，再将所得控制序列 $\boldsymbol{U}_{k+1}^*$ 的第一个元素 $\boldsymbol{u}^*(k+1|k+1)$ 作用于系统，如此往复。所以，随着当前时刻的推移，预测时域向前滚动，如图 1-2 所示。

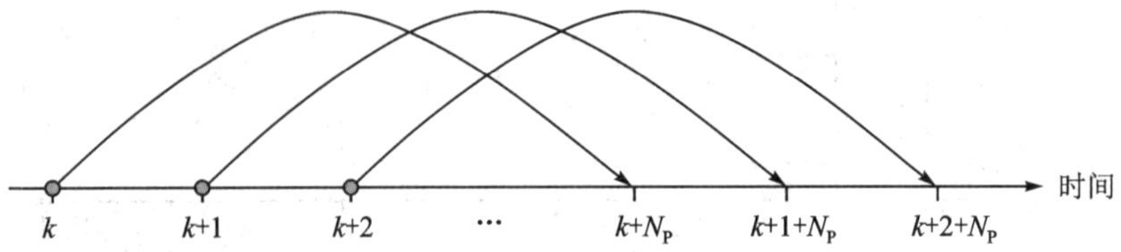

图 1-2　滚动优化原理

这意味着优化问题反复在线求解，虽然其在理想情况下只能得到全局的次优解。但正因为滚动机制，使它能兼顾因模型失配、时变及外界扰动等引起的不确定性，并及时进行修正，始终把新的控制优化建立在实际工况的基础上，使控制器能够较大程度地保持实际上的最优。在复杂的工业环境中，这种启发式的滚动优化策略，较好地权衡了理想优化与环境不确定性的关系，因而具有极高的实用性与有效性。

预测控制求解的是开环优化问题，但其具有反馈控制结构。根据上述预测控制原理可知，优化问题的初始量是当前的状态测量值 $\boldsymbol{x}(k)$，其解是当前测量值的函数，即 $\boldsymbol{u}(k)=f_u(\boldsymbol{x}(k))$，通常函数 $f_u(\cdot)$的具体表达式未知，但已知其是一个反馈控制律。以线性模型为例，其优化问题为二次型，当不考虑控制约束和输出约束时，可通过分析状态空间模型、脉冲响应模型等，得出预测控制中有基于测量值的反馈补偿、基于可测干扰和未来参考输入的前馈补偿。这种前馈-反馈控制结构保证了预测控制具有较好的控制性能。

此外，由于预测控制的三个步骤是在每个采样时刻重复进行的，因此，预测系统未来动态的出发点是当前的测量值，这种机制还赋予了预测控制显式和主动处理约束以及高度可拓展化的优势。

1.3　事件触发机制的基本原理

事件触发机制(Event-triggered mechanism)，又称为事件驱动机制(Event-driven mechanism)，区别于传统的周期采样模式，它是一种被动的采样更新模式，其设计思路是仅仅在一个特定事件发生时才传递传感器信号或更新控制信号。基于事件触发机制的预测控制结构如图 1-3 所示，其中状态信息通过无线网络从传感器传输到控制器，再从控制器传输到执行器。需要强调的是，该模式仅在事件触发时刻 t_k($k=0$，1，…)才进行数据的传输。

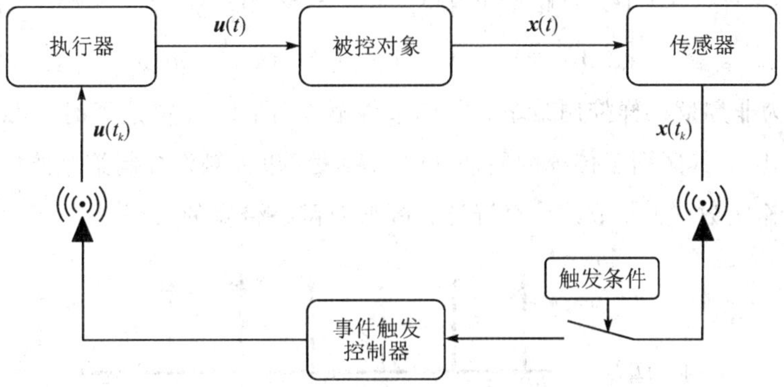

图 1 - 3　基于事件触发机制的预测控制结构

事件触发控制的设计主要包括三个部分：

(1) 事件监测。在传感器端持续监测被控对象的测量状态 $\boldsymbol{x}(t)$，只有在满足触发条件即某一性能指标超出阈值时(此时事件触发时刻记为 t_k)，传感器才进行数据采样并发送当前状态$\boldsymbol{x}(t_k)$给控制器。

(2) 控制更新。在事件触发时刻 t_k 进行控制更新，同时向执行器传输基于新的信息 $\boldsymbol{x}(t_k)$计算的控制输入 $\boldsymbol{u}(t_k)$。

(3) 施加控制。在 t_k 至 t_{k+1}时间内，利用 $\boldsymbol{u}(t_k)$产生连续时间的输入 $\boldsymbol{u}(t)$。

基于事件触发的控制系统主要由两个部分构成，分别是触发机制和控制器，下面介绍几种主流的事件触发控制方案。

(1) 基于状态误差的事件触发方案：在固定的采样时间间隔对系统进行采样，采样状态是否进行传输，取决于预测状态 $\hat{\boldsymbol{x}}(t_k)$与测量状态 $\boldsymbol{x}(t_k)$的误差是否满足触发条件，阈值条件可设置为

$$\|\hat{\boldsymbol{x}}(t_k)-\boldsymbol{x}(t_k)\|>\sigma\|\boldsymbol{x}(t_k)\|$$

其中，$\sigma>0$ 是给定的常值参数，由上式可以看出，事件触发由状态误差和当前测量状态所决定。

(2) 基于输入误差的事件触发方案：文献[20]研究了基于输入的连续事件触发控制，提出了一个事件触发条件，将基于状态反馈的周期事件触发控制系统转换为

$$\|\boldsymbol{K}\hat{\boldsymbol{x}}(t_k)-\boldsymbol{K}\boldsymbol{x}(t_k)\|>\sigma\|\boldsymbol{K}\boldsymbol{x}(t_k)\|$$

其中，$\sigma>0$。当 $\boldsymbol{u}(t_k)=\boldsymbol{K}\boldsymbol{x}(t_k)$是标准周期状态反馈中以 $\boldsymbol{x}(t_k)$为基础确定的控制值时，该触发条件等价于$\|\hat{\boldsymbol{u}}(t_k)-\boldsymbol{u}(t_k)\|>\sigma\|\boldsymbol{u}(t_k)\|$。

(3) 基于输出的事件触发控制方案：如文献[21]提出了基于事件触发的动态输出控制器，控制器是基于输出反馈而不是状态反馈，当 $\hat{\boldsymbol{y}}(t)-\boldsymbol{y}(t)$或 $\hat{\boldsymbol{u}}(t)-\boldsymbol{u}(t)$超过设定阈值时，混合调用被控对象与控制器的输出。具体地，下一个传输时刻 t_{k+1}由被控对象与控制器的输出共同表示为

$$t_{k+1} = \inf\{t > t_k \mid \|\boldsymbol{e}_y(t)\|^2 = \sigma_y \|\boldsymbol{y}(t)\|^2 + \varepsilon_y \text{或} \|\boldsymbol{e}_u(t)\|^2 = \sigma_u \|\boldsymbol{u}(t)\|^2 + \varepsilon_u\}$$

其中，σ_y，σ_u，ε_y，$\varepsilon_u \geqslant 0$，$\boldsymbol{e}_y(t) := \hat{\boldsymbol{y}}(t) - \boldsymbol{y}(t)$ 且 $\boldsymbol{e}_u(t) := \hat{\boldsymbol{u}}(t) - \boldsymbol{u}(t)$。

此外，作为非周期采样控制策略之一的事件触发(图 1－4 描述了时间触发与事件触发的触发次数对比)，其区别于传统的周期性时间触发，事件触发控制策略能极大地减少控制器的更新与传输次数，从而节约计算资源并降低对网络带宽的占用。

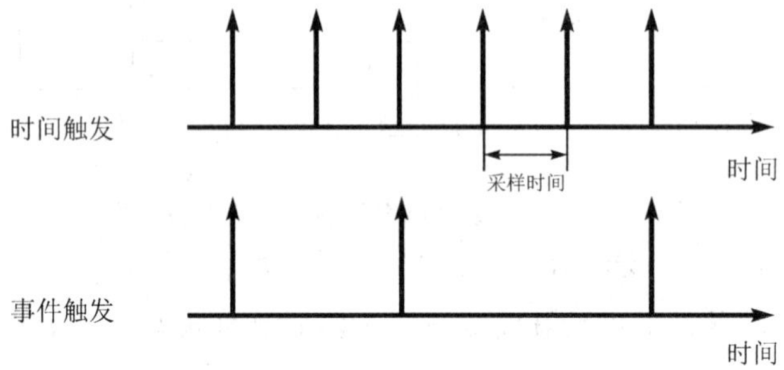

图 1－4　时间触发与事件触发的触发次数对比

1.4　事件触发移动机器人预测控制国内外研究现状

1.4.1　国外研究现状

事件触发本质上是一类非周期控制技术，其核心思想是只在违反特定条件时才触发控制动作，从而相比于周期性控制可以在总体性能和通信负荷间实现更好的权衡。2007 年，Tabuada 在文献[22]中利用输入到状态稳定的 Lyapunov 函数，针对输入状态稳定的非线性定常系统给出了一种事件触发机制设计框架。该框架首先假设存在一个连续的状态反馈控制器，在不考虑采样的情况下能镇定系统。在此基础上，基于系统的 Lyapunov 函数设计了通用的事件触发采样机制，并证明了在该采样情况下 Lyapunov 函数严格递减以实现稳定性分析。因此，该框架是至今应用最为广泛的事件触发控制框架之一。

依据 Tabuada 的工作，针对不同类型的线性和非线性系统，陆续有一些其他类型的事件触发控制机制被提出。文献[23]针对离散时间线性系统提出了一种同时考虑输入约束、状态约束和外部扰动的事件触发模型预测控制方法。通过实际状态和预测状态的误差范数超过设定阈值作为触发条件，分析了存在不同扰动时事件触发策略的控制效果并指出在有界扰动时系统状态会最终收敛到控制不变集内，证明了该方法下系统的稳定性。文献[24]对于带扰动的不确定性系统提出了一种新的鲁棒非线性模型预测控制器设计方案。该方案的主要思想还是基于事件触发的框架，将控制律的更新与否取决于系统真实轨迹与预测轨迹的误差是否达到设定阈值，并且分别给出了连续和离散非线性系统事件触发条件，同时通过对带扰动的非线性模型预测控制(Nonlinear Model Predictive Control，NMPC)的标称状态添加紧约束以保证真实状态的轨迹始终可行。Li在文献[25]中，针对受有界扰动的连续时间非线性系统，在基于事件触发的框架下引入双模控制[26]方法对控制律进行设计，给出了保证系统可行性与稳定性的充分条件，并分析了部分设计参数对控制性能的影响。

在文献[27]中，针对事件触发控制系统，Girard等提出了一种动态事件触发机制。其中动态触发条件可视为在静态触发条件上引入了一个内部动态变量，相当于对静态事件触发条件进行滤波处理，使稳定性条件保持全局平均满足而非持续满足。结果表明，动态触发条件相较于静态触发条件具有更大的最小触发间隔。Brunner等在此基础上提出了动态阈值鲁棒事件触发控制方法[28-30]，根据未知扰动设计阈值触发条件，阈值的大小能动态地适应作用于系统上的未知扰动，并证明了系统的输入状态稳定特性。

Mousavi等学者提出了一种基于积分机制的事件触发控制方案[31]。针对带有随机噪音的线性时不变系统，设计触发条件时利用估计误差的积分，得到一种积分型事件触发控制策略，该方案能有效地降低被控对象与控制器之间的通信频率。在此工作的基础上，文献[32]对带扰动的连续时间非线性系统设计了积分型事件触发控制方法，并且对使用该方法时系统的闭环稳定性和可行性进行研究，讨论了部分设计参数对稳定性的影响并证明该触发条件不存在芝诺效应。此外，该论文还引入鲁棒约束对加性扰动项进行补偿，即优化问题中的标称状态需要满足一个随时间比例递减的时变约束，这一约束将在预测时域终止后收缩为一个终端域，并利用双模控制得到一个保守性较小的初始可行域。

1.4.2 国内研究现状

针对网络化系统预测控制问题，西北工业大学李慧平团队指出事件触发控制对于信息物理融合系统，如网络控制系统、多智能体系统和大型智能系统等，是一种很有潜力的解决方案。文献[33]针对有界扰动条件下的带约束连续时间非线性系统，提出了一种事件触发模型预测控制方案。首先，在双模预测控制框架下，通过计算时变紧状态约束来实现鲁棒性约束，设计了事件触发调度策略。其次，分别给出了保证系统可行性和闭环鲁棒稳定性的充分条件。结果表明，该算法能够保证系统的鲁棒稳定性，并有效降低通信负荷。文献[34]研究了资源受限下网络化控制系统的设计和分析问题，设计了基于事件触发策略和功率优化机制的智能控制器。在随机稳定框架下满足充分性条件时，能够在降低通信能耗的同时令系统维持预期的性能表现。文献[35]考虑了存在时延情况下的网络化控制系统，综合考虑了控制性能参数和网络动态特性的影响，提出了基于事件触发机制的网络化控制系统的协同设计方案。

轨迹跟踪控制作为移动机器人三大基本运动控制之一，基于事件触发的预测控制解决方案受到了许多学者的密切关注。在文献[36]中，浙江工业大学俞立团队提出一种快速双模模型预测控制算法用于解决受区域约束下移动机器人的快速镇定和控制问题，结果表明采用双模控制结构能降低单步计算时间并具有更平滑的控制输入变化量。但使用双模控制使得系统的可行域较为保守且终端项计算较为困难，并且未考虑不确定扰动的影响。针对上述终端项在计算方面存在较大困难的问题，吉林大学于树友团队针对轮式移动机器人的路径跟踪问题开展了基于滚动时域控制策略研究[37-38]，提出将参考轨迹选为优化问题中的终端等式约束，本质上是在时域结束时强制跟踪误差为零，使终端惩罚和终端控制律对预测控制机制收敛变为非必要条件，在非光滑路径也能保持较小跟随误差。文献[39]针对轮式移动机器人这一时变非线性系统，在不利用输入状态稳定的 Lyapunov 函数的情况下建立了不同种类的事件触发机制。文献[40]对存在外部扰动、控制输入信号受限等情况下的轮式移动机器人的鲁棒轨迹跟踪控制问题进行了深入研究。文献[41]对基于事件触发机制的网域化多机器人包含控制问题进行研究，设计了固定阈值和相对动态阈值的事件触发机制，实现了减少控制更新频率、降低机器人系统稳态误差的效果。

综上所述，虽然移动机器人模型预测控制算法研究已取得了一定的成果，但其中仍存在以下问题需要解决：一是模型预测控制算法中在线求解优化问题计算量大，实时性要求高；二是模型不确定性及干扰的存在要求控制系统拥有较强的鲁棒性；三是在网络化控制系统中通信带宽有限的条件下，需要合理地利用通信资源；四是预测控制策略应用于信息物理融合系统中时面临的网络安全问题。为了缩小现有预测控制理论与实际应用的差距，从这一目标出发，本书针对受有界扰动以及通信带宽受限的移动机器人系统，提出了几种新型事件触发预测控制算法以及参数整定方法，设计了易于实现的事件触发策略。此外，由于信息物理融合系统具有易受网络攻击影响的特点，提出了基于事件触发机制的预测控制安全策略。最后，通过仿真和实验验证了所提算法的正确性和有效性，为提高预测控制算法的实时性、快速性和易用性，以及预测控制的推广应用奠定了一定的理论基础。

第 2 章　移动机器人模型预测控制系统设计

在实际的移动机器人系统中，受到机构自身的物理限制，执行器存在饱和约束问题，即执行器的输出是有界的。而这些约束如果只是简单地忽略不计，则会导致系统性能失稳，因此在控制器设计时需要考虑饱和约束问题。对于该问题，相关领域的科研人员进行了深入的研究。需要强调的是，模型预测控制可以在控制量求解时，解析地考虑系统约束情况(如执行器饱和等问题)，因此该方法在移动机器人控制领域得到了广泛的应用。

建模是研究系统的重要手段和前提。本章分别介绍了基于运动学和动力学模型的轮式和履带式移动机器人状态方程，指明了其非完整约束，并且介绍了基于时间触发和经典事件触发的预测控制算法设计思路，为后续章节的算法设计提供了理论基础。

2.1　移动机器人系统建模

2.1.1　轮式移动机器人建模

1. 运动学建模

欲实现对轮式移动机器人进行理想的控制，首先需要建立机器人的模型。轮式移动机器人系统属于典型的非完整约束系统。非完整约束有两个含义：一是机器人不能横向移动；二是机器人轮子与地面间不产生滑动。本节主要讨论一种具有代表性的轮式移动机器人的运动学模型，即差分运动学模型。

在移动机器人技术研究中，最为常用的坐标系统是笛卡尔坐标系统。通常有如下几个比较常见的笛卡尔坐标系统，它们分别为机器人坐标系、传感器坐标系和全局坐标系。全局坐标系是描述机器人全局信息的坐标系，是固定不变的；机器人坐标系和传感器坐标系是在世界坐标系下描述的，机器人坐标系是描述机器人自身信息的坐标系，传感器坐标系是描述传感器信息的坐标系，机器人坐标系和传感器坐标系原点重合但是存在一定的角度，不同的机器人坐标系关系是不同的。在本章中，为了方便进行计算与调试，令机器人坐标系和传感器坐标系的角度为零。

因此，在移动机器人的运动控制中，只需要考虑两种坐标系：一种为全局坐标系；另一种为机器人坐标系。且对于移动机器人系统，通常只考虑机器人在平面上的运动。

用 xoy 表示机器人坐标系，此坐标系固定于机器人上并随着机器人运动。原点 o 一般选择为机器人的几何中心点，或者选择方便计算的控制中心点。x 轴与机器人纵轴线平行，y 轴与 x 轴垂直。

用 XOY 表示全局坐标系，此坐标系与机器人坐标系平行，选择机器人所在环境的固定一点为原点 O，X 轴与 Y 轴相互垂直，且分别指向固定的方向。全局坐标系不随着机器人的运动而改变。

在应用中，用全局坐标系表示机器人的绝对位置，用机器人坐标系表示机器人的姿态，通过欧拉角方法进行两个坐标系之间的变换。

本节以一种典型的三轮移动机器人为研究对象，对其进行运动学建模。机器人底盘如图 2-1 所示，前轮是从动轮，不提供动力；后两轮是驱动轮，各连接一个电机分别进行控制。为了方便进行计算，将机器人坐标系的原点设在机器人的控制中心点，即两个驱动轮连接线的中心点上。

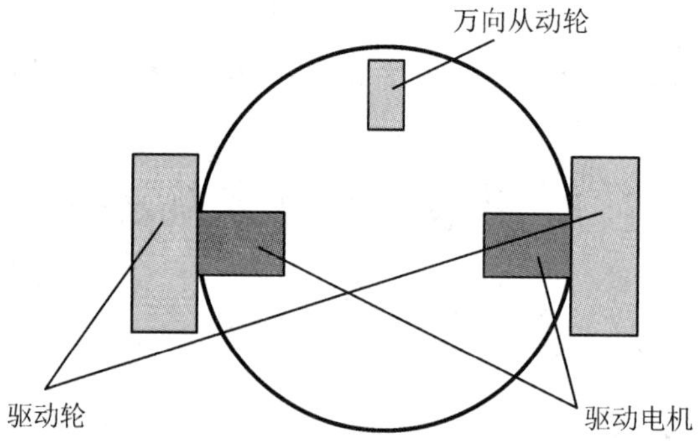

图 2-1　轮式移动机器人底盘示意图

在全局坐标系 XOY 中，机器人的位姿如图 2-2 所示。将机器人看作一个质点，用 v 表示机器人的线速度，用 ω 表示机器人的角速度，用 φ 表示机器人的航向角，即机器人坐标系与全局坐标系的夹角。

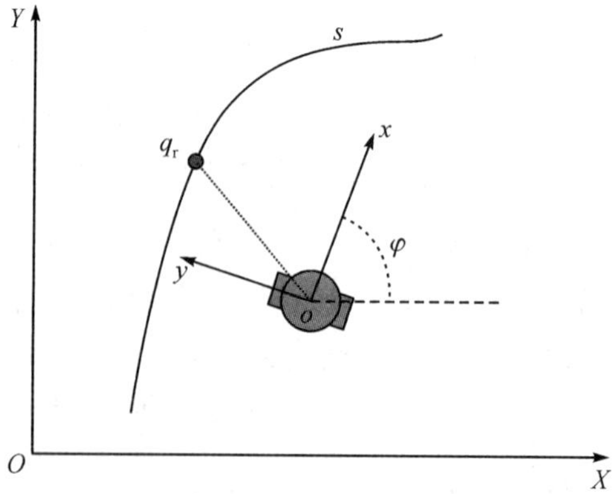

图 2-2　轮式移动机器人坐标示意图

可以得到机器人在全局坐标系的位姿 $\boldsymbol{q}=[x, y, \varphi]^{\mathrm{T}}$，其中 $[x, y]$ 是机器人坐标系的原点在全局坐标系中的坐标。机器人的运动学方程可以表示为

$$\dot{\boldsymbol{q}}=\begin{bmatrix}\dot{x}\\ \dot{y}\\ \dot{\varphi}\end{bmatrix}=\boldsymbol{J}(\varphi)\boldsymbol{u}=\begin{bmatrix}\cos\varphi & 0\\ \sin\varphi & 0\\ 0 & 1\end{bmatrix}\begin{bmatrix}v\\ \omega\end{bmatrix}=\begin{bmatrix}v\cos\varphi\\ v\sin\varphi\\ \omega\end{bmatrix} \tag{2-1}$$

其满足非完整约束：

$$\dot{y}\cos\varphi-\dot{x}\sin\varphi=0 \tag{2-2}$$

设 $\boldsymbol{q}_{\mathrm{r}}=[x_{\mathrm{r}} \quad y_{\mathrm{r}} \quad \varphi_{\mathrm{r}}]^{\mathrm{T}}$ 为参考路径上对应时刻所要跟踪的点在全局坐标系中的位姿，其运动学方程为

$$\dot{\boldsymbol{q}}_{\mathrm{r}}=\begin{bmatrix}\dot{x}_{\mathrm{r}}\\ \dot{y}_{\mathrm{r}}\\ \dot{\varphi}_{\mathrm{r}}\end{bmatrix}=\boldsymbol{J}(\varphi_{\mathrm{r}})\boldsymbol{u}_{\mathrm{r}}=\begin{bmatrix}\cos\varphi_{\mathrm{r}} & 0\\ \sin\varphi_{\mathrm{r}} & 0\\ 0 & 1\end{bmatrix}\begin{bmatrix}v_{\mathrm{r}}\\ \omega_{\mathrm{r}}\end{bmatrix}=\begin{bmatrix}v_{\mathrm{r}}\cos\varphi_{\mathrm{r}}\\ v_{\mathrm{r}}\sin\varphi_{\mathrm{r}}\\ \omega_{\mathrm{r}}\end{bmatrix} \tag{2-3}$$

在机器人坐标系中，路径偏差为

$$\boldsymbol{q}_{\mathrm{e}}=\begin{bmatrix}x_{\mathrm{e}}\\ y_{\mathrm{e}}\\ \varphi_{\mathrm{e}}\end{bmatrix}=\begin{bmatrix}\cos\varphi & \sin\varphi & 0\\ -\sin\varphi & \cos\varphi & 0\\ 0 & 0 & 1\end{bmatrix}\begin{bmatrix}x-x_{\mathrm{r}}\\ y-y_{\mathrm{r}}\\ \varphi-\varphi_{\mathrm{r}}\end{bmatrix} \tag{2-4}$$

偏差运动学模型为

$$\dot{\boldsymbol{q}}_{\mathrm{e}}=\begin{bmatrix}\dot{x}_{\mathrm{e}}\\ \dot{y}_{\mathrm{e}}\\ \dot{\varphi}_{\mathrm{e}}\end{bmatrix}=\begin{bmatrix}v+\omega y_{\mathrm{e}}-v_{\mathrm{r}}\cos\varphi_{\mathrm{e}}\\ v_{\mathrm{r}}\sin\varphi_{\mathrm{e}}-\omega x_{\mathrm{e}}\\ \omega-\omega_{\mathrm{r}}\end{bmatrix} \tag{2-5}$$

移动机器人的路径跟踪问题可以描述为：给定一条参考路径，通过设计控制方案 $\boldsymbol{u}=\begin{bmatrix}v\\ \omega\end{bmatrix}$，使机器人的路径偏差不断收敛于 0。在移动机器人的差分控制中，通过分别控制两个驱动轮的转速 $\boldsymbol{\omega}'=\begin{bmatrix}\omega_{\mathrm{R}}\\ \omega_{\mathrm{L}}\end{bmatrix}$，实现对移动机器人整体的控制。机器人整体的控制量 $\boldsymbol{u}$ 与驱动轮的转速 $\boldsymbol{\omega}'$ 之间的关系为

$$\omega_{\mathrm{R}}r_{\mathrm{R}}+\omega_{\mathrm{L}}r_{\mathrm{L}}=2 \tag{2-6}$$

$$\omega_{\mathrm{R}}r_{\mathrm{R}}-\omega_{\mathrm{L}}r_{\mathrm{L}}=2\omega d \tag{2-7}$$

进一步表达为

$$\boldsymbol{\omega}'=\begin{bmatrix}\dfrac{1}{r_{\mathrm{R}}} & \dfrac{d}{r_{\mathrm{R}}}\\ \dfrac{1}{r_{\mathrm{L}}} & -\dfrac{d}{r_{\mathrm{L}}}\end{bmatrix}\begin{bmatrix}v\\ \omega\end{bmatrix}=\boldsymbol{R}_u\boldsymbol{u} \tag{2-8}$$

式中，r_{R} 和 r_{L} 分别为两轮的直径，d 为两轮之间的间距，$\boldsymbol{R}_u$ 为控制量之间的变换矩阵。

2. 动力学建模

将机器人视为一个刚体，在只考虑平面运动的情况下，动力学模型为

$$\boldsymbol{M}\ddot{\boldsymbol{q}} + C(\dot{\boldsymbol{q}}) = \boldsymbol{J}^{\mathrm{T}}\boldsymbol{D} \tag{2-9}$$

式中，$\boldsymbol{q}$ 为机器人的位姿，$\boldsymbol{M}$ 为机器人的惯性矩阵，$C(\dot{\boldsymbol{q}})$为阻尼项，$\boldsymbol{J}^{\mathrm{T}}$ 为机器人的雅可比矩阵，$\boldsymbol{D}$ 为机器人的驱动力矩。

每个驱动轮各由一个电机驱动，可将电机考虑成如下一阶动态环节：

$$I\dot{\boldsymbol{\omega}}' = \boldsymbol{\tau} - \boldsymbol{r}D - c\boldsymbol{\omega}' - \boldsymbol{\gamma} \tag{2-10}$$

式中，I 为转动惯量，$\boldsymbol{\omega}' = \begin{bmatrix} \omega_{\mathrm{R}} \\ \omega_{\mathrm{L}} \end{bmatrix}$为两个电机的转速，$\boldsymbol{\tau} = \begin{bmatrix} \tau_{\mathrm{R}} \\ \tau_{\mathrm{L}} \end{bmatrix}$为电机的输出转矩，$\boldsymbol{r} = \begin{bmatrix} r_{\mathrm{R}} \\ r_{\mathrm{L}} \end{bmatrix}$为轮子直径，$D$ 为轮子与地面之间的摩擦力，c 为电机内的摩擦系数，$\boldsymbol{\gamma}$ 为扰动力矩。

不考虑滑动时，运动学模型可以表示为

$$\boldsymbol{J}^{-1}\dot{\boldsymbol{q}} = \boldsymbol{r}\boldsymbol{\omega}' \tag{2-11}$$

进而得到机器人的动力学模型为

$$(\boldsymbol{r}\boldsymbol{M} + \boldsymbol{r}^{-1}\boldsymbol{J}^{\mathrm{T}}I\boldsymbol{J}^{-1})\ddot{\boldsymbol{q}} + \boldsymbol{r}C(\dot{\boldsymbol{q}}) + c\boldsymbol{r}^{-1}\boldsymbol{J}^{\mathrm{T}}\boldsymbol{J}^{-1}\dot{\boldsymbol{q}} + \boldsymbol{J}^{\mathrm{T}}\boldsymbol{\gamma} = \boldsymbol{J}^{\mathrm{T}}\boldsymbol{\tau} \tag{2-12}$$

本节以一种典型的三轮移动机器人为研究对象，对其进行了运动学和动力学建模。下一节中，将讨论另一种常见的移动机器人，即履带式移动机器人的运动学和动力学建模。

2.1.2 履带式移动机器人建模

1. 运动学建模

由于移动机器人可以由运动学模型和动力学模型来表示，因此可以针对不同的模型设计相应的控制器进行轨迹跟踪控制。对于基于运动学模型设计的控制器，只需将移动机器人视为质点来分析，其优点在于设计的控制器相对简单，这种控制量主要用于控制移动机器人的线速度与角速度。当移动机器人质量较小且速度较低时，设计运动学控制器就能达到比较满意的控制效果；然而当移动机器人的速度较快或质量较大时，仅考虑运动学模型就会忽略移动机器人的质量以及各种内部干扰等因素，从而导致控制效果较差，此时依据动力学模型建立的控制器能够达到较好的控制效果。但是动力学模型结构比较复杂，设计的控制器比较繁琐并且计算量较大。因此，考虑到实际应用，基于运动学建模因其形式简单，在过去几十年里获得了相对广泛的研究，也因此，许多商业机器人直接提供速度的控制接口，进一步提升了该模型的应用范围。所以为了便于理论分析和应用，本节选择基于运动学，即速度运动模型(velocity motion model)，对履带式移动机器人进行建模，如图2-3所示。

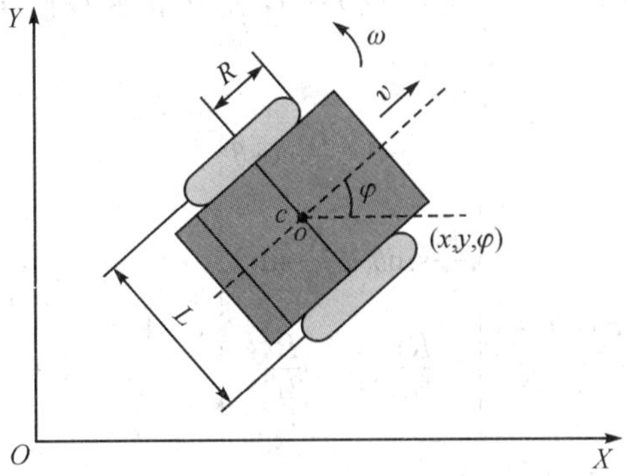

图 2-3　履带式移动机器人运动学模型

首先建立履带式移动机器人基于空间位置的全局坐标系 XOY，然后建立基于移动机器人质心的本体坐标系 xoy，其中坐标原点 o 与移动机器人质心 c 重合，移动机器人的纵向轴为车体坐标系 x 轴，其侧向轴为车体坐标系 y 轴，L 表示两条履带的间距，R 表示驱动轮半径；v、ω 分别为移动机器人质心的线速度及角速度。

由上述方法建立的坐标系可知履带式移动机器人的位姿向量为

$$\boldsymbol{q} = [x \quad y \quad \varphi \quad \theta_l \quad \theta_r] \tag{2-13}$$

其中，(x, y)为全局位置坐标；φ 为位姿角，即车体前行方向与全局坐标系 X 轴正向的夹角；θ_l 和 θ_r 分别为机器人左、右履带的转角。

在全局坐标系下履带式移动机器人运动学的状态空间方程可以设为

$$(\dot{x} \quad \dot{y} \quad \dot{\varphi}) = F(v \quad \omega) \tag{2-14}$$

其中，$\dot{x}$、$\dot{y}$、$\dot{\varphi}$ 分别为全局坐标系下两个方向的线速度及选择方向的角速度。不考虑履带的滑移，移动机器人满足如下约束关系：

$$\dot{y}\cos\varphi - \dot{x}\sin\varphi = 0 \tag{2-15}$$

$$\dot{x}\cos\varphi + \dot{y}\sin\varphi + L\dot{\varphi} = R\dot{\theta}_l \tag{2-16}$$

$$\dot{x}\cos\varphi + \dot{y}\sin\varphi - L\dot{\varphi} = R\dot{\theta}_r \tag{2-17}$$

式(2-15)表示移动机器人无侧向滑动约束，式(2-16)和式(2-17)表示机器人左右轮在前进方向上无滑动的约束。

将式(2-15)至式(2-17)整理得到矩阵形式为

$$A(\boldsymbol{q})\dot{\boldsymbol{q}} = \boldsymbol{0} \tag{2-18}$$

其中，

$$A(\boldsymbol{q}) = \begin{bmatrix} \sin\theta & -\cos\theta & 0 & 0 & 0 \\ \cos\theta & \sin\theta & L & -R & 0 \\ \cos\theta & \sin\theta & -L & 0 & -R \end{bmatrix}$$

假设存在 $S(\boldsymbol{q})\in\mathbb{R}^{5\times 2}$，使得 $S(\boldsymbol{q})A(\boldsymbol{q})=\mathbf{0}$，那么将存在向量 $\boldsymbol{V}$ 使得 $\dot{\boldsymbol{q}}=S(\boldsymbol{q})\boldsymbol{V}$ 成立，则可选择

$$S(\boldsymbol{q})=\begin{bmatrix}\frac{R}{2}\cos\theta & \frac{R}{2}\cos\theta\\ \frac{R}{2}\sin\theta & \frac{R}{2}\sin\theta\\ \frac{R}{2L} & \frac{R}{2L}\\ 1 & 0\\ 0 & 1\end{bmatrix},\quad \boldsymbol{V}=\begin{bmatrix}\omega_{\mathrm{l}}\\ \omega_{\mathrm{r}}\end{bmatrix}$$

其中，ω_{l} 与 ω_{r} 分别为履带式移动机器人左右履带的角速度，那么履带式移动机器人运动学约束的空间运动学模型为

$$\begin{bmatrix}\dot{x}\\ \dot{y}\\ \dot{\varphi}\\ \dot{\theta}_{\mathrm{l}}\\ \dot{\theta}_{\mathrm{r}}\end{bmatrix}=\begin{bmatrix}\frac{R}{2}\cos\theta & \frac{R}{2}\cos\theta\\ \frac{R}{2}\sin\theta & \frac{R}{2}\sin\theta\\ \frac{R}{2L} & \frac{R}{2L}\\ 1 & 0\\ 0 & 1\end{bmatrix}\begin{bmatrix}\omega_{\mathrm{l}}\\ \omega_{\mathrm{r}}\end{bmatrix}\tag{2-19}$$

左右履带角速度与车体质心的速度存在如下线性关系：

$$\begin{bmatrix}\omega_{\mathrm{l}}\\ \omega_{\mathrm{r}}\end{bmatrix}=\begin{bmatrix}\frac{1}{R} & \frac{L}{R}\\ \frac{1}{R} & -\frac{L}{R}\end{bmatrix}\begin{bmatrix}v\\ \omega\end{bmatrix}\tag{2-20}$$

由于 v 和 ω 分别表示履带式移动机器人的质心线速度和角速度，因此可以获得另一种履带式移动机器人的运动模型表示方式，即

$$\begin{bmatrix}\dot{x}\\ \dot{y}\\ \dot{\varphi}\\ \dot{\theta}_{\mathrm{l}}\\ \dot{\theta}_{\mathrm{r}}\end{bmatrix}=\begin{bmatrix}\cos\theta & 0\\ \sin\theta & 0\\ 0 & 1\\ \frac{1}{R} & \frac{L}{R}\\ \frac{1}{R} & -\frac{L}{R}\end{bmatrix}\begin{bmatrix}v\\ \omega\end{bmatrix}\tag{2-21}$$

履带式移动机器人采用差速控制，由式(2-20)可知，其左右轮角速度与整车质心的线速度与角速度存在一定关系。因此，对左右轮的控制可简化到对质心的线速度和角速度的控制上来，从而获得简化的履带式移动机器人的运动学模型如下：

$$\begin{bmatrix}\dot{x}\\ \dot{y}\\ \dot{\varphi}\end{bmatrix}=\begin{bmatrix}\cos\theta & 0\\ \sin\theta & 0\\ 0 & 1\end{bmatrix}\begin{bmatrix}v\\ \omega\end{bmatrix} \tag{2-22}$$

2. 动力学建模

履带式移动机器人的转向，主要通过两履带之间的速度差实现，其两侧履带均有独立电机，均可实现正反转速度调整，可通过控制两侧履带的速度大小及方向实现机器人的行驶控制。对移动机器人履带速度的大小及方向进行控制，可使其适应多种障碍环境。

基于履带式移动机器人的行驶特点，假设履带不能拉伸，履带接地段上的每一点滑转速度相同，各点剪切位移呈线性比例增加。根据文献[42]开发的地面力学模型，对履带行走装置沿直线运动进行分析，当履带速度大于履带轮中心速度时称为滑转，当履带速度小于履带轮中心速度时称为滑移，用 i 表示履带滑转及滑移率，可得

$$i=\begin{cases}\dfrac{r\omega-v}{(r\omega)}, & |r\omega|\geqslant|v|\\[2ex] \dfrac{r\omega-v}{v}, & |r\omega|<|v|\end{cases} \tag{2-23}$$

式中，ω 为车轮角速度；v 为车轮中心速度；r 为车轮半径。此公式可用于不同履带滑转运动条件中，比如加速或制动。

履带式机器人在直线行驶时，履带的速度不可能大于履带轮的速度，履带只会发生滑转现象。履带式移动机器人接地段履带的剪切位移 j 为

$$j=ix \tag{2-24}$$

式中，x 为履带接触点距履带端点的距离。

履带式移动机器人在匀速行驶过程中，其受力情况必需满足以下条件：

$$\sum F_x=0$$

$$\sum M=0$$

式中，F_x 为履带行走装置在 x 方向的合力；M 为履带行走装置的转向合力矩。文中只研究履带行走装置的直线运动，因此不考虑 M 的变化情况。移动机器人在行驶过程中，主要有履带行驶阻力 F_R 和牵引力 F。其中压陷特性直接反映路面的垂直承载能力，可间接得到履带机器人行驶过程中的阻力；而剪切特性指履带式移动机器人在行驶过程中履带齿板与巷道底板做剪切运动，底板发生剪切变形，剪切特性可直接反映移动机器人驱动力的大小，同时可分析得到不同路况下履带的滑移状况。

假设一个刚性履带式机器人运行在水平面上。对于此履带式机器人，其运动的任何一个瞬间都可以看成绕某一点 A 的转动，A 点称为机器人运动的瞬时转动中心，简称瞬心。机器人直线运动时，可以认为瞬心 A 位于无穷远处。

图 2-4 描述了履带式机器人在水平面内运动时的受力情况。在履带式机器人上建立车载坐标系，坐标系原点 O' 位于机器人几何中心，Y' 轴沿中轴线指向前进方向。机器人转弯时，履带与地面之间发生相对滑动，过瞬心 A 且平行于 X' 轴的直线与 Y' 轴交于 C 点，该直线一般不通过机器人的几何中心点 O'，这条直线将履带分为前后两段，其长度分别为 l_1、l_2。

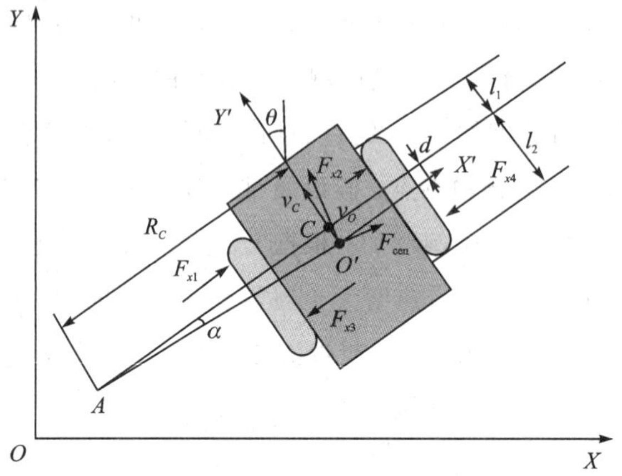

图 2-4　履带式机器人平面转弯运动受力分析

机器人系统的质量为 m，转动惯量为 I；C 点运动的瞬时转弯半径为 R_C；C 点与 O' 点之间的距离为 d；履带式机器人 C 点的速度为 v_C，与 O' 点的速度 v_O 之间的夹角为 α，系统转动角速度为 ω。上述量满足下列关系：

$$d=\frac{l_2-l_1}{2} \tag{2-25}$$

$$R_C=\frac{v_C}{\omega} \tag{2-26}$$

$$\alpha=\arctan\left(\frac{d}{R_C}\right) \tag{2-27}$$

$$v_O=\frac{v_C}{\cos\alpha} \tag{2-28}$$

设转弯时，履带单位长度上所受横向摩擦力为 μ，如图 2-4 所示，左右侧履带前后段所受横向摩擦力为 F_{x1}、F_{x2}、F_{x3}、F_{x4}，可以由如下表达式计算得出：

$$F_{x1}=F_{x2}=\mu l_1 \tag{2-29}$$

$$F_{x3}=F_{x4}=\mu l_2 \tag{2-30}$$

系统转弯离心力 F_{cen} 表示为

$$F_{\text{cen}}=mv_O\omega \tag{2-31}$$

将式(2-25)～式(2-31)代入 X' 方向的力平衡方程

$$F_{\text{cen}}\cos\alpha+F_{x1}+F_{x2}=F_{x3}+F_{x4} \tag{2-32}$$

可得

$$d = Kv_C\omega \tag{2-33}$$

$$|\alpha| = \arctan(K\omega^2) \tag{2-34}$$

$$v_O = \frac{v_C}{\cos\alpha} = v_C\sqrt{1+(K\omega^2)^2} \tag{2-35}$$

其中 $K=m/(4\mu)$。

可用三维向量$[X, Y, \theta]^T$ 描绘机器人在平面内的位姿，其中 X 和 Y 表示机器人几何中心点在世界坐标系里的坐标值，θ 表示车载坐标系 Y' 轴正方向与世界坐标系 Y 轴正方向之间的夹角。世界坐标系与车载坐标系之间可以通过矩阵 $\boldsymbol{R}$ 进行变换：

$$\boldsymbol{R} = \begin{bmatrix} \cos(\theta+\alpha) & \sin(\theta+\alpha) & 0 \\ -\sin(\theta+\alpha) & \cos(\theta+\alpha) & 0 \\ 0 & 0 & 1 \end{bmatrix} \tag{2-36}$$

为了利于推导，取系统输入向量是机器人沿中轴线前进的加速度和系统转动的角加速度$[\alpha \quad \varepsilon]^T$。分别对式(2-34)、式(2-35)求导，可得

$$\dot{\alpha} = -\frac{2K\omega}{1+K^2\omega^4}\times\varepsilon \tag{2-37}$$

$$\dot{v}_O = \sqrt{1+(K\omega^2)^2}\times a + \frac{2v_C K^2\omega^3}{\sqrt{1+(K\omega^2)^2}}\times\varepsilon \tag{2-38}$$

如图 2-4 所示，O'点的速度与 Y'轴成 α 角，由此能够得到如下的约束方程：

$$\dot{X}\cos(\theta+\alpha) + \dot{Y}\sin(\theta+\alpha) = 0 \tag{2-39}$$

由式(2-36)、式(2-38)、式(2-39)得到履带机器人动力学模型如下：

$$\dot{\boldsymbol{q}} = \boldsymbol{M}\boldsymbol{q} + \boldsymbol{N}\boldsymbol{u} \tag{2-40}$$

其中：

$$\boldsymbol{q} = [X \quad Y \quad \theta \quad V_O \quad \omega]^T$$

$$\boldsymbol{u} = [a \quad \varepsilon]^T$$

$$\boldsymbol{M} = \begin{bmatrix} 0 & 0 & 0 & -\sin(\theta+\alpha) & 0 \\ 0 & 0 & 0 & \cos(\theta+\alpha) & 0 \\ 0 & 0 & 0 & 0 & 1 \\ 0 & 0 & 0 & 0 & 0 \\ 0 & 0 & 0 & 0 & 0 \end{bmatrix}$$

$$\boldsymbol{N} = \begin{bmatrix} 0 & 0 \\ 0 & 0 \\ 0 & 0 \\ \sqrt{1+(K\omega^2)^2} & \dfrac{2v_C K^2\omega^3}{\sqrt{1+(K\omega^2)^2}} \\ 0 & 1 \end{bmatrix}$$

式(2-40)与轮式机器人模型在形式上很相似，但它们本质上却是不同的，轮式机器人模型是输入线性的仿射系统，而式(2-40)既不是输入线性，也不是仿射系统。式(2-40)比以往的履带式机器人滑动操纵模型有更加清晰的物理意义，后面将以它为基础进行反馈控制的研究。

2.1.3 其他移动机器人建模

除了前两节提到的轮式和履带式移动机器人，常见的移动机器人还包括足式机器人、飞行机器人、水下机器人等类型。由于此类机器人与上述机器人建模方式区别较大，且一般不作为预测控制技术使用的对象，故仅在此节中进行简要介绍。

1. 足式机器人建模

对于足式机器人来讲(如图 2-5 所示)，运动学建模就是要建立各腿部运动杆件关节的运动和机器人末端空间的位置、姿态之间的关系。运动学分析使机器人学与数学紧密联系，是开展更高层次的机器人研究(如运动控制、轨迹规划、动力学控制、步态控制)的基础。

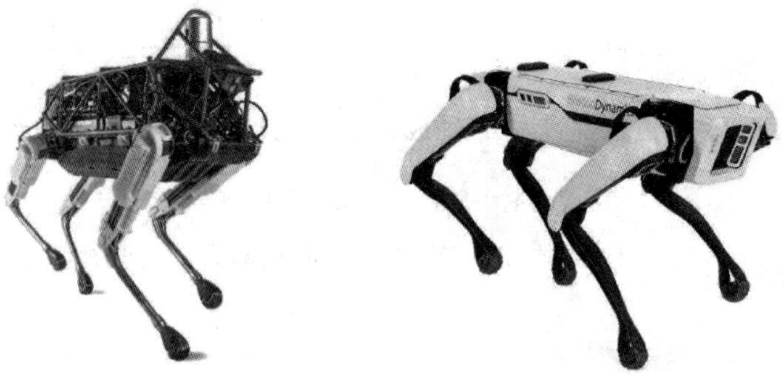

图 2-5 波士顿动力公司研发的 Spot 和 SpotMini

足式机器人的运动学研究问题包括以下两个基本问题：

(1) 正运动学问题：已知各个腿部的各个杆件的结构参数，给定各个运动关节的关节变量，求解足端相对于机器人本体基坐标系的位置和姿态。

(2) 逆运动学问题：已知各个腿部的各个杆件的结构参数，给定足端相对于机器人本体基坐标系的位置和姿态，求解机器人腿部各运动关节的关节变量。

足式机器人运动学建模与分析的方法主要有 D-H 参数齐次变换法、李群李代数方法和螺旋理论，以及几何代数方法和对偶四元数方法等。足式机器人动力学的分析方法主要有牛顿-欧拉方程、拉格朗日方程、哈密尔顿原理、阿佩尔方程和凯恩方程等。

2. 飞行机器人建模

飞行机器人最具典型性的代表是四旋翼飞行器(如图 2-6 所示)。现阶段为止，针对四旋翼飞行器的建模一般有两种不同的方法：一种是机理建模方法；另一种是实验数据驱动的系统辨识建模方法。机理建模方法是指通过分析对象的过程和运动规律，运用数学和物理知识，由力和力矩平衡方程确定系统内部结构之间各变量间的关系，这种方法所建立的数学模型和模型参数具有明确的物理意义，通常采用欧拉-拉格朗日法或牛顿-欧拉法对四旋翼飞行器进行机理建模。实验数据驱动的系统辨识建模方法是指将四旋翼飞行器看作一个“灰箱”系统，通过设计辨识实验方案，来采集飞行器在飞行状态下的输入-输出数据，在合理的辨识算法的基础上，利用系统辨识的方法获得飞行器数学模型的方法。

图 2-6　大疆研发的 phantom3 和 phantom4 四旋翼飞行器

3. 水下机器人建模

提高水下机器人(如图 2-7 所示)的运动性能依赖于两个关键因素：精准的水动力模型和先进的控制系统。对水下机器人进行水动力建模的方法主要有四种，包括实物实验、缩比实验、经验公式推导和数值模拟方法。

图 2-7　“探索 100”水下机器人和“旗鱼”水下机器人

使用实物进行水动力建模的优点是能够通过真实的实验数据获取高精度的水动力模型，包括主要的附加质量参数和水阻尼。

缩比实验方法是指通过制作水下机器人主要外观特征的缩放比例模型，完成小规模水动力实验，然后根据换算系数放大还原水下机器人的水动力参数的方法。其优点是相比于实物实验，其代价和成本要低很多，同条件下与经验公式和数值模拟方法相比，缩比实验所得到的结果一般更加精确。

经验公式推导水动力模型参数目前应用非常广泛。该方法的优点是针对具有简易初等流体几何外形的水下机器人，水动力参数的经验公式计算可以通过把水下机器人替换为初等几何形状来进行近似估计。

数值模拟方法的优点是在理论上可以做到水动力模型求解精度与计算流体动力学程序的计算量成正比，而且使用数值模拟方法可以反复重演一些重要并难以在水动力实验过程中被发现的水动力细节，在面对复杂外形水下机器人的水动力参数求解上不会出现复杂的模型简化过程。

2.2 移动机器人系统模型预测控制算法设计

由第一章的介绍可知模型预测控制是一种高效的控制理论，特别是在解决多输入多输出且带有状态约束的控制问题时有特别的优势。在本节中，主要考虑一类非线性移动机器人系统，阐述利用模型预测控制算法解决控制问题的过程和思路。

2.2.1 优化问题的描述

本节主要介绍针对非线性系统的一种经典方法——准无限时域模型预测控制方法。该方法主要基于以下理论：

(1) 稳定性是时间趋于无穷时控制系统的特性。因此，本节考虑的 MPC 控制的稳定性问题的前提是系统动态预测是无限时域的。

(2) 对于移动机器人这类典型的非线性系统，在状态的局部小范围内，存在稳定的局部非线性控制器满足时域约束。

(3) 即使是线性 MPC 问题，由于时域约束的存在，闭环系统的状态方程也是非线性的，换言之，线性和非线性 MPC 的稳定性问题都应该采用非线性理论来讨论。因此，本节讨论的控制过程具有普遍意义。

考虑下面的非线性常微分方程描述的系统：

$$\dot{\boldsymbol{x}}(t) = f(\boldsymbol{x}(t), \boldsymbol{u}(t)), \boldsymbol{x}(0) = \boldsymbol{x}_0 \tag{2-41}$$

其中，状态向量为 $\boldsymbol{x}(t) \in \mathbb{R}^n$，输入信号为 $\boldsymbol{u}(t) \in \mathbb{R}^m$，并且受到如下约束：

$$\begin{aligned} \boldsymbol{u}(t) \in U, t \geqslant 0 \\ \boldsymbol{x}(t) \in X, t \geqslant 0 \end{aligned} \tag{2-42}$$

由于描述系统状态的方程是非线性的，因此，不可能像采用线性系统一样推导出未来输出的预测方程。下面是对式(2-41)的基本假设[43]。

假设 2.1　$f(x,u)$是二阶连续可微的，且 $f(0,0)=0$，即$(0,0)$是系统的一个平衡点。

假设 2.2　$U\in\mathbb{R}^m$是一个凸的紧集，$X\in\mathbb{R}^n$是一个连通集，$(0,0)$包含在 $X\times U$ 的内部。

假设 2.3　对于任意初始条件 $\boldsymbol{x}(0)\in X$ 和任意连续输入函数 $\boldsymbol{u}(t)$，式(2-41)有唯一解。

假设 2.4　存在一个局部线性状态反馈控制率 $\boldsymbol{u}=\boldsymbol{K}\boldsymbol{x}$，使得式(2-41)渐进稳定。

下面介绍 MPC 中的问题描述。为了与实际系统的状态和输入区分开来，用$(\bar{\boldsymbol{x}},\bar{\boldsymbol{u}})$表示控制器内部的状态和输入变量，换句话说，$\bar{\boldsymbol{x}}(\cdot;\boldsymbol{x}(t),t)$表示 t 时刻起始于实际状态 $\boldsymbol{x}(t)$，在开环控制序列 $\bar{\boldsymbol{u}}(\cdot)$作用下非线性系统的预测轨迹简记为 $\bar{\boldsymbol{x}}(\cdot)$。

在 t 时刻，需要求解的开环优化问题，即最优控制问题为

$$\bar{\boldsymbol{u}}^*(t)=\min_{\bar{\boldsymbol{u}}(\cdot)}J(\boldsymbol{x}(t),\bar{\boldsymbol{u}}(\cdot)) \tag{2-43}$$

需要满足的约束如下：

$$\begin{aligned}&\dot{\bar{\boldsymbol{x}}}=f(\bar{\boldsymbol{x}},\bar{\boldsymbol{u}}),\ \bar{\boldsymbol{x}}(t)=\boldsymbol{x}(t)\\&\bar{\boldsymbol{u}}(\tau)\in U,\ \tau\in[t,t+T_{\mathrm{p}}]\\&\bar{\boldsymbol{x}}(\tau)\in X,\ \tau\in[t,t+T_{\mathrm{p}}]\end{aligned} \tag{2-44}$$

$$\bar{\boldsymbol{x}}(t+T_{\mathrm{p}})\in\Omega \tag{2-45}$$

其中：

$$J(\boldsymbol{x}(t),\bar{\boldsymbol{u}}(\cdot)):=\int_t^{t+T_{\mathrm{p}}}(\|\bar{\boldsymbol{x}}(\tau)\|_{\boldsymbol{Q}}^2+\|\bar{\boldsymbol{u}}(\tau)\|_{\boldsymbol{R}}^2)\mathrm{d}\tau+\|\bar{\boldsymbol{x}}(t+T_{\mathrm{p}})\|_{\boldsymbol{P}}^2 \tag{2-46}$$

目标函数式(2-46)中，T_{p} 表示预测时域(本章研究的控制时域和预测时域相等)，$\boldsymbol{Q}\in\mathbb{R}^{n\times n}$和 $\boldsymbol{R}\in\mathbb{R}^{m\times m}$ 是正定对称的权重矩阵，权重矩阵作为设计参数调整控制性能。正定对阵矩阵 $\boldsymbol{P}\in\mathbb{R}^{n\times n}$ 通过计算获得。

式(2-44)中的动力学方程是控制器中用以预测系统未来动态的模型。注意初始条件在滚动优化中的作用：在控制器中用于预测未来动态的模型是以实际系统的当前状态值为初始条件的，换句话说，每个采样时刻预测系统未来动态的起点是系统状态的当前值，这正是反馈量进入控制器的机制。

有别于式(2-44)中状态和输入约束，式(2-45)是一个人为添加的附加约束，称之为终端不等式约束，它的作用是迫使系统状态在有限预测时域的最后时刻进入一个平衡点附近的邻域，称之为终端域 Ω。上述的终端约束和终端域构成了稳定性分析的基本要素，将在后面详细展开相关内容。

由假设 2.4 可知，可以把

$$\dot{\boldsymbol{x}}=f(\boldsymbol{x},\boldsymbol{K}\boldsymbol{x}) \tag{2-47}$$

的不变域作为终端域，即当系统状态进入终端域后，其之后的状态会一直保留在终端域内。事实上，只要能够证明式(2-48)成立即可。

$$\|\boldsymbol{x}(t+T_{\mathrm{p}})\|_{\boldsymbol{P}}^{2} \geqslant \int_{t+T_{\mathrm{p}}}^{\infty}(\|\boldsymbol{x}(\tau)\|_{\boldsymbol{Q}}^{2}+\|\boldsymbol{u}(\tau)\|_{\boldsymbol{R}}^{2})\mathrm{d}\tau \tag{2-48}$$

考虑和式(2-46)对应的实际代价函数(无限时域代价函数)：

$$J^{\infty}(\boldsymbol{x}(t),\bar{\boldsymbol{u}}(\cdot)):=\int_{t}^{\infty}(\|\bar{\boldsymbol{x}}(\tau)\|_{\boldsymbol{Q}}^{2}+\|\bar{\boldsymbol{u}}(\tau)\|_{\boldsymbol{R}}^{2})\mathrm{d}\tau \tag{2-49}$$

按时间区间将其分成两部分，即

$$\begin{aligned} J^{\infty}(\boldsymbol{x}(t),\bar{\boldsymbol{u}}(\cdot)) &= \int_{t}^{t+T_{\mathrm{p}}}(\|\bar{\boldsymbol{x}}(\tau)\|_{\boldsymbol{Q}}^{2}+\|\bar{\boldsymbol{u}}(\tau)\|_{\boldsymbol{R}}^{2})\mathrm{d}\tau+\int_{t+T_{\mathrm{p}}}^{\infty}(\|\bar{\boldsymbol{x}}(\tau)\|_{\boldsymbol{Q}}^{2}+\|\bar{\boldsymbol{u}}(\tau)\|_{\boldsymbol{R}}^{2})\mathrm{d}\tau \\ &\leqslant \int_{t}^{t+T_{\mathrm{p}}}(\|\bar{\boldsymbol{x}}(\tau)\|_{\boldsymbol{Q}}^{2}+\|\bar{\boldsymbol{u}}(\tau)\|_{\boldsymbol{R}}^{2})\mathrm{d}\tau+\|\bar{\boldsymbol{x}}(t+T_{\mathrm{p}})\|_{\boldsymbol{P}}^{2} \end{aligned} \tag{2-50}$$

结合式(2-46)，可得：

$$J^{\infty}(\boldsymbol{x}(t),\bar{\boldsymbol{u}}(\cdot)) \leqslant J(\boldsymbol{x}(t),\bar{\boldsymbol{u}}(\cdot)) \tag{2-51}$$

上面的阐述说明了最优控制问题中的目标函数是无限时域代价函数的一个上界。后面将证明，以这种方式选择终端代价和终端域将能够保证系统的稳定性。

以上是对周期(时间触发)模型预测控制方法开环优化问题的数学描述，讨论的基础是保证系统的稳定性。具体的思路是将对系统未来动态的预测分割成两个部分：有限时域内控制输入驱使系统状态逐步进入终端域内；当系统进入终端域之后，开始应用一个假设的局部线性状态反馈控制率，因为终端域本身是一个正不变集，所以从根本上保证了系统的稳定性。以上控制过程也被称为双模控制(Dual-mode control)。根据预测控制的基本原理，求解优化问题得到的有限时域控制输入的一部分被应用于被控系统。在下个时刻，又会求解新的优化问题，如此循环进行，构成了“滚动优化—重复进行”的机制。事实上，局部状态控制器并没有被直接作用于被控系统，仅仅将其作为求解终端域 Ω 和终端惩罚矩阵 $\boldsymbol{P}$ 的手段。

2.2.2 终端域和终端惩罚

将式(2-41)在平衡点进行雅克比线性化，得到如下线性模型：

$$\dot{\boldsymbol{x}}=\boldsymbol{A}\boldsymbol{x}+\boldsymbol{B}\boldsymbol{u} \tag{2-52}$$

其中，$\boldsymbol{A}:=\frac{\partial f}{\partial \boldsymbol{x}}(\boldsymbol{0},\boldsymbol{0})$和$\boldsymbol{B}:=\frac{\partial f}{\partial \boldsymbol{u}}(\boldsymbol{0},\boldsymbol{0})$。可以求得线性状态反馈控制率$\boldsymbol{K}$，使得$\boldsymbol{A}_K:=\boldsymbol{A}+\boldsymbol{B}\boldsymbol{K}$是渐进稳定的，关于$\boldsymbol{K}$有如下引理。

引理 2.1 假设系统在平衡点的雅克比线性化模型(式(2-52)所示)是可稳的，则对任意一个满足

$$\kappa < -\lambda_{\max}(\boldsymbol{A}_K) \tag{2-53}$$

的非负数 κ，李雅普诺夫(Lyapunov)方程

$$(\boldsymbol{A}_K + \kappa \boldsymbol{I})^{\mathrm{T}} \boldsymbol{P} + \boldsymbol{P}(\boldsymbol{A}_K + \kappa \boldsymbol{I}) = -\boldsymbol{Q}^* \tag{2-54}$$

有唯一对称正定解 $\boldsymbol{P}$，其中 $\boldsymbol{Q}^* = \boldsymbol{Q} + \boldsymbol{K}^{\mathrm{T}} \boldsymbol{R} \boldsymbol{K}$。

证明　由于 $\boldsymbol{Q}^* > \boldsymbol{0}$ 和 $\kappa < -\lambda_{\max}(\boldsymbol{A}_K)$ 成立，所以 $(\boldsymbol{A}_K + \kappa \boldsymbol{I})$ 的所有特征值均有负实部，根据 Lyapunov 稳定性的基本条件，式(2-54)有唯一对称正定解。

引理 2.2　存在一个正数 α，使得平衡点附近的邻域 $\Omega := \{\boldsymbol{x} \in \mathbb{R}^n \mid \boldsymbol{x}^{\mathrm{T}} \boldsymbol{P} \boldsymbol{x} \leqslant \alpha\}$ 满足：

(1) Ω 是 X 的一个子集；

(2) 对所有的 $\boldsymbol{x} \in \Omega$，有 $\boldsymbol{K}\boldsymbol{u} \in U$，即在 Ω 内，局部线性控制器满足控制输入约束；

(3) Ω 对局部线性控制器 $\boldsymbol{u} = \boldsymbol{K}\boldsymbol{x}$ 控制的非线性系统而言，是一个不变集。

证明　由于点(0，0)是 $X \times U$ 的内部点，因此对任一矩阵 $\boldsymbol{P} > 0$，总能找到一个正数 α，使得 Ω 在 X 内部，则线性状态反馈控制率满足系统约束，即对所有的 $\boldsymbol{x} \in \Omega$，有 $\Omega \subseteq X$ 和 $\boldsymbol{K}\boldsymbol{x} \in U$。

针对第(3)项，定义一个二次型函数 $V(\boldsymbol{x}) := \boldsymbol{x}^{\mathrm{T}} \boldsymbol{P} \boldsymbol{x}$，沿着 $\dot{\boldsymbol{x}}(t) = f(\boldsymbol{x}(t), \boldsymbol{K}\boldsymbol{x}(t))$ 轨迹对 $V(\boldsymbol{x})$ 求导，得到

$$\frac{\mathrm{d}}{\mathrm{d}t} V(\boldsymbol{x}(t)) = \boldsymbol{x}^{\mathrm{T}}(t)(\boldsymbol{A}_K^{\mathrm{T}} \boldsymbol{P} + \boldsymbol{P}\boldsymbol{A}_K)\boldsymbol{x}(t) + 2\boldsymbol{x}^{\mathrm{T}}(t)\boldsymbol{P}\phi(\boldsymbol{x}(t)) \tag{2-55}$$

其中

$$\phi(\boldsymbol{x}) := f(\boldsymbol{x}, \boldsymbol{K}\boldsymbol{x}) - \boldsymbol{A}_K \boldsymbol{x}$$

并且有

$$\boldsymbol{x}^{\mathrm{T}} \boldsymbol{P} \phi(\boldsymbol{x}) \leqslant \| \boldsymbol{x}^{\mathrm{T}} \boldsymbol{P} \| \cdot \| \phi(\boldsymbol{x}) \| \leqslant \| \boldsymbol{P} \| \cdot L_\phi \cdot \| \boldsymbol{x} \|^2 \leqslant \frac{\| \boldsymbol{P} \| \cdot L_\phi}{\lambda_{\min}(\boldsymbol{P})} \| \boldsymbol{x} \|_{\boldsymbol{P}}^2 \tag{2-56}$$

其中

$$L_\phi := \sup\left\{ \frac{\| \phi(\boldsymbol{x}) \|}{\| \boldsymbol{x} \|} \;\middle|\;, \boldsymbol{x} \in \Omega, \boldsymbol{x} \neq \boldsymbol{0} \right\}$$

因此，能够找到一个合适的 α 使得在 Ω 内

$$L_\phi \leqslant \frac{\kappa \cdot \lambda_{\min}(\boldsymbol{P})}{\| \boldsymbol{P} \|} \tag{2-57}$$

成立，联立式(2-55)和式(2-56)可得：

$$\frac{\mathrm{d}}{\mathrm{d}t} V(\boldsymbol{x}(t)) \leqslant \boldsymbol{x}^{\mathrm{T}}(t)((\boldsymbol{A}_K + \kappa \boldsymbol{I})^{\mathrm{T}} \boldsymbol{P} + \boldsymbol{P}(\boldsymbol{A}_K + \kappa \boldsymbol{I}))\boldsymbol{x}(t) \tag{2-58}$$

将 Lyapunov 方程式(2-54)代入式(2-58)可得

$$\frac{\mathrm{d}}{\mathrm{d}t} V(\boldsymbol{x}(t)) \leqslant -\boldsymbol{x}^{\mathrm{T}}(t) \boldsymbol{Q}^* \boldsymbol{x}(t) \tag{2-59}$$

上式表明 Ω 对局部线性控制器 $\boldsymbol{u} = \boldsymbol{K}\boldsymbol{x}$ 控制的非线性系统而言，是一个不变集。

2.2.3 性能分析

1. 优化方法的可行性

根据模型预测控制的基本原理，在每个采样时刻用最新的系统状态更新最优控制问题，即更新式(2-43)，将得到的优化控制的第一步应用到系统，并重复进行该控制过程。因此要求优化问题需要在每一个采样时刻都可行，即在每个采样时刻至少存在一个(不必是最优的)控制函数使得起始状态满足$\dot{\bar{\boldsymbol{x}}}=f(\bar{\boldsymbol{x}}, \bar{\boldsymbol{u}})$的轨迹，满足式(2-44)和式(2-45)的状态约束和终端约束，并且目标函数的值是有界的。

定理 2.1 给定一个无扰动且状态可测的系统(如式(2-41)所示)，式(2-43)描述的最优控制问题在$t=0$时刻有解，意味着对$t\geqslant 0$都可行。

证明 在t时刻，假设优化问题有优化解：

$$\bar{\boldsymbol{u}}^{*}(\cdot;\ \boldsymbol{x}(t),\ t):\ [t,\ t+T_{\mathrm{p}}]\rightarrow U \tag{2-60}$$

在时间段$[t, t+T_{\mathrm{p}}]$内，将该优化解作用于系统，得到的状态轨迹是满足状态约束和终端约束的，即

$$\bar{\boldsymbol{x}}^{*}(\tau;\ \boldsymbol{x}(t),\ t)\in X,\ \tau\in[t,\ t+T_{\mathrm{p}}]$$

$$\bar{\boldsymbol{x}}^{*}(t+T_{\mathrm{p}};\ \boldsymbol{x}(t),\ t)\in \Omega$$

当$\delta\in[t, t+T_{\mathrm{p}}]$时，系统在$t+\delta$时刻的状态值为

$$\boldsymbol{x}(t+\delta)=\bar{\boldsymbol{x}}^{*}(t+\delta;\ \boldsymbol{x}(t),\ t)$$

这将用于刷新$t+\delta$时刻的最优控制问题的初始状态，也即该状态是$t+\delta$时刻的初始条件。因此，求解$t+\delta$时刻的优化问题时，可以设计一个可行的控制函数为

$$\bar{\boldsymbol{u}}(\tau)=\begin{cases}\bar{\boldsymbol{u}}^{*}(\tau;\ \boldsymbol{x}(t),\ t), & \tau\in[t+\delta,\ t+T_{\mathrm{p}}]\\ \boldsymbol{K}\bar{\boldsymbol{x}}(\tau;\ \boldsymbol{x}(t+\delta),\ t+\delta), & \tau\in[t+T_{\mathrm{p}},\ t+\delta+T_{\mathrm{p}}]\end{cases} \tag{2-61}$$

其中，$\boldsymbol{K}$是局部线性反馈增益。设计的该控制函数包含两个连续的时间区间：第一部分$\tau\in[t+\delta, t+T_{\mathrm{p}}]$，表示$t$时刻优化控制输入去掉第一个采样周期后的部分；第二部分$\tau\in[t+T_{\mathrm{p}}, t+\delta+T_{\mathrm{p}}]$，是由局部线性反馈率生成的控制输入，它是衔接在第一部分控制输入之后的。

当$\tau\in[t+\delta, t+T_{\mathrm{p}}]$时，$\bar{\boldsymbol{u}}^{*}(\tau; \boldsymbol{x}(t), t)$对应的预测状态轨迹$\bar{\boldsymbol{x}}(\cdot; \boldsymbol{x}(t+\delta), t+\delta)$就是$\bar{\boldsymbol{x}}^{*}(\cdot; \boldsymbol{x}(t), t)$在$\tau\in[t+\delta, t+T_{\mathrm{p}}]$上的分段，即

$$\bar{\boldsymbol{x}}(\tau;\ \boldsymbol{x}(t+\delta),\ t+\delta)=\bar{\boldsymbol{x}}^{*}(\tau;\ \boldsymbol{x}(t),\ t),\ \tau\in[t+\delta,\ t+T_{\mathrm{p}}] \tag{2-62}$$

显然，在这一时段状态轨迹满足状态约束，且状态在最后时刻能够进入终端域，即

$$\bar{\boldsymbol{x}}(t+T_{\mathrm{p}};\ \boldsymbol{x}(t+\delta),\ t+\delta)\in\Omega \tag{2-63}$$

由引理 2.2 可知，Ω对局部线性控制器$\boldsymbol{u}=\boldsymbol{K}\boldsymbol{x}$控制的非线性系统而言，是一个不变集，这也就意味着对于初始条件为$\bar{\boldsymbol{x}}(t+T_{\mathrm{p}})=\bar{\boldsymbol{x}}(t+T_{\mathrm{p}}; \boldsymbol{x}(t+\delta), t+\delta)$的系统，起始于$\Omega$的状

态将始终保持在 Ω 内，又由于在 Ω 内，状态反馈率满足状态约束，因此，式(2-61)的第二部分也满足状态约束。

综上所述，以任何一个初始的可行解开始的控制过程，预设的控制函数(式(如 2-61)所示)是可行的。

2. 系统的渐进稳定性

根据模型预测控制的基本原理，在每个采样时刻求解优化问题(如式(2-43)所示)，将得到的优化序列的第一步作用于系统，由于预测控制闭环系统 $\dot{\boldsymbol{x}}(t)=f(\boldsymbol{x}(t), \boldsymbol{u}^*(t))$ 的非线性特性，需要在 Lyapunov 稳定性理论框架内讨论其渐进稳定性，常规的处理方案是选取优化问题的值函数作为候选的 Lyapunov 函数。首先给出 Lyapunov 稳定性的标准定义如下：

定义 2.1　如果对任何正数 ε，存在 $\eta(\varepsilon)>0$ 使得

$$\|\boldsymbol{x}(0)\|<\eta(\varepsilon) \Rightarrow \|\boldsymbol{x}(t)\|<\varepsilon, \ \forall t \geqslant 0$$

则系统在 $\boldsymbol{x}=\mathbf{0}$ 是稳定的。

定义 2.2　如果系统在 $\boldsymbol{x}=\mathbf{0}$ 是稳定的，并且可以选择 η 使得

$$\|\boldsymbol{x}(0)\|<\eta \Rightarrow \lim_{t\to\infty}\boldsymbol{x}(t) \to \mathbf{0}$$

则系统在 $\boldsymbol{x}=\mathbf{0}$ 是渐进稳定的。

定理 2.2　假设在 $t=0$ 时刻优化问题(如式(2-43)所示)是可行的，对任何 $t>0$ 和 $\tau\in(t, t+\delta]$，无扰动名义闭环系统的优化值函数满足

$$J^*(\boldsymbol{x}(\tau), \tau, \tau+T_{\mathrm{p}}) \leqslant J^*(\boldsymbol{x}(t), t, t+T_{\mathrm{p}})-\int_t^\tau(\|\boldsymbol{x}(s)\|_{\boldsymbol{Q}}^2+\|\boldsymbol{u}^*(s)\|_{\boldsymbol{R}}^2)\mathrm{d}s \tag{2-64}$$

进一步可以说明系统是闭环稳定的。

证明　根据定理 2.1，在 $t=0$ 时刻优化问题(如式(2-43)所示)是可行的意味着在 $t>0$ 时优化问题均可行。

如果在时刻 t 有限时域开环优化控制函数为 $\bar{\boldsymbol{u}}^*(\cdot\,; \boldsymbol{x}(t), t)$：$[t, t+T_{\mathrm{p}}]\to U$，则目标函数为

$$\begin{aligned}J^*(\boldsymbol{x}(t), t, t+T_{\mathrm{p}})=&\int_t^{t+T_{\mathrm{p}}}(\|\bar{\boldsymbol{x}}^*(s; \boldsymbol{x}(t), t)\|_{\boldsymbol{Q}}^2+\\&\|\bar{\boldsymbol{u}}^*(s; \boldsymbol{x}(t), t)\|_{\boldsymbol{R}}^2)\mathrm{d}s+\\&\|\bar{\boldsymbol{x}}^*(t+T_{\mathrm{p}}; \boldsymbol{x}(t), t)\|_{\boldsymbol{P}}^2\end{aligned} \tag{2-65}$$

对任意 $\tau\in(t, t+\delta]$，式(2-65)可分解为

$$\begin{aligned}J^*(\boldsymbol{x}(t), t, t+T_{\mathrm{p}})=&\int_t^{\tau}(\|\bar{\boldsymbol{x}}^*(s; \boldsymbol{x}(t), t)\|_{\boldsymbol{Q}}^2+\|\bar{\boldsymbol{u}}^*(s; \boldsymbol{x}(t), t)\|_{\boldsymbol{R}}^2)\mathrm{d}s+\\&\int_\tau^{t+T_{\mathrm{p}}}(\|\bar{\boldsymbol{x}}^*(s; \boldsymbol{x}(t), t)\|_{\boldsymbol{Q}}^2+\|\bar{\boldsymbol{u}}^*(s; \boldsymbol{x}(t), t)\|_{\boldsymbol{R}}^2)\mathrm{d}s+\\&\|\bar{\boldsymbol{x}}^*(t+T_{\mathrm{p}}; \boldsymbol{x}(t), t)\|_{\boldsymbol{P}}^2\end{aligned} \tag{2-66}$$

根据模型预测控制的基本原理，对任意 $\tau\in(t, t+\delta]$，闭环控制为 $\boldsymbol{u}^*(\tau):=\bar{\boldsymbol{u}}^*(\tau)$。所以，闭环状态轨迹为

$$\boldsymbol{x}(s)=\bar{\boldsymbol{x}}^*(s; \boldsymbol{x}(t), t), \ s\in[t, \tau] \tag{2-67}$$

因此，对任何一个 $\tau\in(t, t+\delta]$，根据式(2-61)构造一个候选控制函数，即

$$\bar{\boldsymbol{u}}(\tau)=\begin{cases}\bar{\boldsymbol{u}}^*(s; \boldsymbol{x}(t), t), & s\in[\tau, t+T_{\mathrm{p}}]\\ \boldsymbol{K}\bar{\boldsymbol{x}}(s; \boldsymbol{x}(t+\delta), t+\delta), & s\in[t+T_{\mathrm{p}}, \tau+T_{\mathrm{p}}]\end{cases} \tag{2-68}$$

相应的目标函数值为

$$\bar{J}(\boldsymbol{x}(\tau), \tau, \tau+T_{\mathrm{p}}):=J(\boldsymbol{x}(\tau), \bar{\boldsymbol{u}}(\cdot))$$

与控制输入(如式(2-68)所示)的第一部分对应的有限时域预测状态轨迹，就是在 t 时刻由优化得到的预测轨迹在$[\tau, t+T_{\mathrm{p}}]$上的分段，即

$$\bar{\boldsymbol{x}}(s; \boldsymbol{x}(\tau), \tau)=\bar{\boldsymbol{x}}^*(s; \boldsymbol{x}(t), t), \ s\in(\tau, t+T_{\mathrm{p}}] \tag{2-69}$$

下面讨论控制输入(如式(2-68)所示)的第二部分，由于 t 时刻优化问题的可行性意味着 $\bar{\boldsymbol{x}}^*(t+T_{\mathrm{p}}; \boldsymbol{x}(t), t)\in\Omega$。由式(2-59)可得

$$\|\bar{\boldsymbol{x}}(\tau+T_{\mathrm{p}}; \boldsymbol{x}(\tau), \tau)\|_{\boldsymbol{P}}^2\leqslant\|\bar{\boldsymbol{x}}(t+T_{\mathrm{p}}; \boldsymbol{x}(\tau), \tau)\|_{\boldsymbol{P}}^2-\int_{t+T_{\mathrm{p}}}^{\tau+T_{\mathrm{p}}}\|\bar{\boldsymbol{x}}(s; \boldsymbol{x}(\tau), \tau)\|_{\boldsymbol{Q}^*}^2\mathrm{d}s \tag{2-70}$$

结合式(2-69)，式(2-70)可以变为

$$\|\bar{\boldsymbol{x}}(\tau+T_{\mathrm{p}}; \boldsymbol{x}(\tau), \tau)\|_{\boldsymbol{P}}^2\leqslant\|\bar{\boldsymbol{x}}^*(t+T_{\mathrm{p}}; \boldsymbol{x}(t), t)\|_{\boldsymbol{P}}^2-\int_{t+T_{\mathrm{p}}}^{\tau+T_{\mathrm{p}}}\|\bar{\boldsymbol{x}}(s; \boldsymbol{x}(\tau), \tau)\|_{\boldsymbol{Q}^*}^2\mathrm{d}s \tag{2-71}$$

因此，计算与式(2-68)对应的目标函数值如下：

$$\begin{aligned}&\bar{J}(\boldsymbol{x}(\tau), \tau, \tau+T_{\mathrm{p}})\\ &=\int_{\tau}^{\tau+T_{\mathrm{p}}}(\|\bar{\boldsymbol{x}}(s; \boldsymbol{x}(\tau), \tau)\|_{\boldsymbol{Q}}^2+\|\bar{\boldsymbol{u}}(s)\|_{\boldsymbol{R}}^2)\mathrm{d}s+\\ &\|\bar{\boldsymbol{x}}(\tau+T_{\mathrm{p}}; \boldsymbol{x}(\tau), \tau)\|_{\boldsymbol{P}}^2\\ &=\int_{\tau}^{t+T_{\mathrm{p}}}(\|\bar{\boldsymbol{x}}^*(s; \boldsymbol{x}(t), t)\|_{\boldsymbol{Q}}^2+\|\bar{\boldsymbol{u}}^*(s; \boldsymbol{x}(t), t)\|_{\boldsymbol{R}}^2)+\\ &\int_{t+T_{\mathrm{p}}}^{\tau+T_{\mathrm{p}}}\|\bar{\boldsymbol{x}}(s; \boldsymbol{x}(\tau), \tau)\|_{\boldsymbol{Q}^*}^2\mathrm{d}s+\|\bar{\boldsymbol{x}}(\tau+T_{\mathrm{p}}; x(\tau), \tau)\|_{\boldsymbol{P}}^2\end{aligned} \tag{2-72}$$

再将式(2-71)代入式(2-72)，可得

$$\begin{aligned}\bar{J}(\boldsymbol{x}(\tau), \tau, \tau+T_{\mathrm{p}})\leqslant&\int_{\tau}^{t+T_{\mathrm{p}}}(\|\bar{\boldsymbol{x}}^*(s; \boldsymbol{x}(t), t)\|_{\boldsymbol{Q}}^2+\|\bar{\boldsymbol{u}}^*(s; \boldsymbol{x}(t), t)\|_{\boldsymbol{R}}^2)\mathrm{d}s+\\ &\|\bar{\boldsymbol{x}}^*(t+T_{\mathrm{p}}; \boldsymbol{x}(t), t)\|_{\boldsymbol{P}}^2\end{aligned} \tag{2-73}$$

结合式(2-66)和式(2-67)可得

$$\bar{J}(\boldsymbol{x}(\tau),\ \tau,\ \tau+T_{\mathrm{p}}) \leqslant J^{*}(\boldsymbol{x}(t),\ t,\ t+T_{\mathrm{p}}) - \int_{t}^{\tau}(\|\boldsymbol{x}(s)\|_{\boldsymbol{Q}}^{2}+\|\boldsymbol{u}^{*}(s)\|_{\boldsymbol{R}}^{2})\mathrm{d}s \tag{2-74}$$

由于 J^* 的最优性，有

$$\begin{aligned}J^{*}(\boldsymbol{x}(\tau),\ \tau,\ \tau+T_{\mathrm{p}}) &\leqslant \bar{J}(\boldsymbol{x}(\tau),\ \tau,\ \tau+T_{\mathrm{p}})\\ &\leqslant J^{*}(\boldsymbol{x}(t),\ t,\ t+T_{\mathrm{p}}) - \\ &\quad \int_{t}^{\tau}(\|\boldsymbol{x}(s)\|_{\boldsymbol{Q}}^{2}+\|\boldsymbol{u}^{*}(s)\|_{\boldsymbol{R}}^{2})\mathrm{d}s\end{aligned} \tag{2-75}$$

式(2-75)对 $\tau\in(t,\ t+\delta]$ 均成立。由于该优化问题的 Lyapunov 函数不增，进一步说明了该控制问题是渐进稳定的。

2.3　事件触发预测控制算法原理

对于连续事件触发，可将偏差 $\boldsymbol{e}(t)$ 定义为

$$\boldsymbol{e}(t)=\boldsymbol{x}(t)-\boldsymbol{x}(t_k),\ t\in[t_k,\ t_{k+1}) \tag{2-76}$$

其中：t_k 为传感器从被控对象获得数据并将数据传输给控制器的时刻，$t_0=0$；$\boldsymbol{x}(t_k)$ 和 $\boldsymbol{x}(t)$ 分别为系统在上一个传输采样时刻的状态和当前状态。

在很多文献中，根据实时测量状态 $\boldsymbol{x}(t)$ 可以在线计算 $\boldsymbol{e}(t)$，当满足事件触发条件时，直接进行触发采样。其中经典事件触发条件分为固定阈值事件触发条件和相对阈值事件触发条件两种类型，分别为

$$t_{k+1}=t_k+\min\{t\mid\|\boldsymbol{e}(t)\|\geqslant\delta\} \tag{2-77}$$

$$t_{k+1}=t_k+\min\{t\mid\|\boldsymbol{e}(t)\|\geqslant\delta\|\boldsymbol{x}\|\} \tag{2-78}$$

其中，$\delta>0$ 为给定的常数。由式(2-77)和式(2-78)可见，当前数据是否可以进行传输，由事件触发方案决定，但是需要注意的是，连续事件触发机制需要特殊的硬件对系统状态进行连续测量。

与连续事件触发方案相比，离散事件触发只在一个固定的采样周期测量状态、计算偏差，所以不需要额外的硬件进行连续的测量和计算。周期事件触发的控制策略将传统的周期数据采样控制与事件触发控制相结合，对传感器和控制器的数据周期地进行采样交流。相对于开环形式的事件触发控制方案而言，周期事件触发的控制策略采用了闭环建模方法，与传统事件触发控制相比，可以显著减少信号传输数量，若计算消耗的能量小于通信所消耗的，则可以增加无线设备的电池使用寿命。之后，文献[44]对这种控制策略进行了发展，尽管周期事件触发控制具有很多优点，但需要注意的是，其中的周期事件触发控制是在假设不存在网络诱导时滞、数据丢包的情况下，而实际上这种假设非常具有局限性。在基于采样数据的事件触发中，并不需要这种假设，其控制机制是：在固定间隔 h 对系统

状态进行采样，采样状态 $\boldsymbol{x}(jh)(j\in\mathbb{N})$是否进行传输由传输误差和状态误差决定，传输误差是指当前系统状态与上一个传输状态之间的误差，而状态误差是当前系统状态到平衡点的误差。当采样数据 $\boldsymbol{x}(t_k h)$进行传输时，为了下一次 $\boldsymbol{e}(i_k h)$的计算，还需要将采样数据 $\boldsymbol{x}(t_k h)$储存在存储器中。下一个传输时刻由事件触发器确定，可以表示为

$$t_{k+1}h = t_k h + \min_{l\geqslant 1}\{lh \mid \boldsymbol{e}^{\mathrm{T}}(i_k h)\boldsymbol{\phi}\boldsymbol{e}(i_k h))\} \geqslant \delta\boldsymbol{x}^{\mathrm{T}}(i_k h)\boldsymbol{\phi}\boldsymbol{x}(i_k h)\} \tag{2-79}$$

其中，$\delta>0$ 为给定的标量参数，$\boldsymbol{\phi}$ 为待求解的正定加权触发矩阵，$i_k h=t_k h+lh$，$\boldsymbol{e}(i_k h)=\boldsymbol{x}(i_k h)-\boldsymbol{x}(t_k h)$。由式(2－79)可见，事件的传输由 $\boldsymbol{e}_k(i_k h)$和当前状态 $\boldsymbol{x}(i_k h)$决定，当式(2－79)中的条件满足时，事件触发。

本章小结

本章首先对移动机器人系统进行运动学建模并给出了相应的状态方程，之后介绍了模型预测控制算法的原理及特性，并与常规的离散最优控制算法进行了对比，进一步说明前者在处理实际工程问题时的优越性，最后介绍了事件触发机制的原理及若干主流控制策略。通过本章的阐述，有利于开展后续章节关于事件触发策略设计的研究及基于移动机器人实验平台对事件触发控制算法的实验验证。

第 3 章　有界扰动下基于事件触发机制的移动机器人轨迹跟踪预测控制

本章提出一种针对标准预测控制的事件触发机器人模型预测轨迹跟踪控制方法，该方法包含两种事件触发策略，即基于阈值曲线的触发策略和基于阈值带的触发策略，其中阈值曲线(带)的选取采用统计学方法对采集的历史轨迹数据进行统计处理来获得，该策略能够显著降低触发次数并有效处理外界扰动[45]。仿真结果表明本章所设计的事件触发策略，在保证系统有良好控制性能的前提下，能够有效地提高系统的鲁棒性，降低计算量及通信时延，有利于控制器的实际应用。

3.1　问题描述

3.1.1　移动机器人预测模型线性化

根据上一章移动机器人运动学建模过程可知，其所得到的是一个非线性系统，而线性时变模型预测控制算法相较于非线性算法具有较好的实时性，因此这里在参考系统上对其进行的近似线性化操作。

假设参考系统的路径状况已知，可得参考系统的状态量和控制量满足如下的关系：

$$\dot{\boldsymbol{\xi}}_{\mathrm{r}} = f(\boldsymbol{\xi}_{\mathrm{r}}, \boldsymbol{u}_{\mathrm{r}}) \tag{3-1}$$

将式(3－1)在任意的参考点($\boldsymbol{\xi}_{\mathrm{r}}$，$\boldsymbol{u}_{\mathrm{r}}$)处进行泰勒级数展开，且只保留一阶项，可得到如下表达式：

$$\dot{\boldsymbol{\xi}} = f(\boldsymbol{\xi}_{\mathrm{r}}, \boldsymbol{u}_{\mathrm{r}}) + \left.\frac{\partial f}{\partial \boldsymbol{\xi}}\right|_{\substack{\boldsymbol{\xi}=\boldsymbol{\xi}_{\mathrm{r}} \\ \boldsymbol{u}=\boldsymbol{u}_{\mathrm{r}}}} (\boldsymbol{\xi} - \boldsymbol{\xi}_{\mathrm{r}}) + \left.\frac{\partial f}{\partial \boldsymbol{u}}\right|_{\substack{\boldsymbol{\xi}=\boldsymbol{\xi}_{\mathrm{r}} \\ \boldsymbol{u}=\boldsymbol{u}_{\mathrm{r}}}} (\boldsymbol{u} - \boldsymbol{u}_{\mathrm{r}}) \tag{3-2}$$

式中：

$$\boldsymbol{\xi} = [x \quad y \quad \varphi]^{\mathrm{T}}$$

$$\boldsymbol{u} = [v \quad \omega]^{\mathrm{T}}$$

$$\boldsymbol{\xi}_{\mathrm{r}} = [x_{\mathrm{r}} \quad y_{\mathrm{r}} \quad \varphi_{\mathrm{r}}]^{\mathrm{T}} \tag{3-3}$$

$$\boldsymbol{u}_{\mathrm{r}} = [v_{\mathrm{r}} \quad \omega_{\mathrm{r}}]^{\mathrm{T}} \tag{3-4}$$

将式(3－1)与式(3－2)相减可得到

$$\dot{\boldsymbol{\xi}}=\begin{bmatrix}\dot{x}-\dot{x}_{\mathrm{r}}\\ \dot{y}-\dot{y}_{\mathrm{r}}\\ \dot{\varphi}-\dot{\varphi}_{\mathrm{r}}\end{bmatrix}=\begin{bmatrix}0&0&-v_{\mathrm{r}}\sin\varphi_{\mathrm{r}}\\0&0&v_{\mathrm{r}}\cos\varphi_{\mathrm{r}}\\0&0&0\end{bmatrix}\begin{bmatrix}x-x_{\mathrm{r}}\\y-y_{\mathrm{r}}\\\varphi-\varphi_{\mathrm{r}}\end{bmatrix}+\begin{bmatrix}\sin\varphi_{\mathrm{r}}&0\\\cos\varphi_{\mathrm{r}}&0\\0&1\end{bmatrix}\begin{bmatrix}v-v_{\mathrm{r}}\\\omega-\omega_{\mathrm{r}}\end{bmatrix}\tag{3-5}$$

式(3-5)即为线性化的移动机器人误差模型，接着对式(3-5)进行离散化处理以适应控制系统处理器的处理方式，此处采取近似的离散化方法。

首先将式(3-5)表示为

$$\dot{\bar{\boldsymbol{\xi}}}=\boldsymbol{A}(t)\bar{\boldsymbol{\xi}}+\boldsymbol{B}(t)\bar{\boldsymbol{u}}\tag{3-6}$$

其中：

$$\dot{\bar{\boldsymbol{\xi}}}=\begin{bmatrix}\dot{x}-\dot{x}_{\mathrm{r}}\\ \dot{y}-\dot{y}_{\mathrm{r}}\\ \dot{\varphi}-\dot{\varphi}_{\mathrm{r}}\end{bmatrix}\tag{3-7a}$$

$$\boldsymbol{A}(t)=\begin{bmatrix}0&0&-v_{\mathrm{r}}\sin\varphi_{\mathrm{r}}\\0&0&v_{\mathrm{r}}\cos\varphi_{\mathrm{r}}\\0&0&0\end{bmatrix}\tag{3-7b}$$

$$\bar{\boldsymbol{\xi}}=\begin{bmatrix}x-x_{\mathrm{r}}\\y-y_{\mathrm{r}}\\\varphi-\varphi_{\mathrm{r}}\end{bmatrix}\tag{3-8a}$$

$$\boldsymbol{B}(t)=\begin{bmatrix}\sin\varphi_{\mathrm{r}}&0\\\cos\varphi_{\mathrm{r}}&0\\0&1\end{bmatrix}\tag{3-8b}$$

$$\bar{\boldsymbol{u}}=\begin{bmatrix}v-v_{\mathrm{r}}\\\omega-\omega_{\mathrm{r}}\end{bmatrix}\tag{3-8c}$$

进行离散化处理：

$$\boldsymbol{A}_{k,t}=\boldsymbol{I}+T\boldsymbol{A}(t)\tag{3-9}$$

$$\boldsymbol{B}_{k,t}=T\boldsymbol{B}(t)\tag{3-10}$$

式中 $\boldsymbol{I}$ 为单位矩阵，T 为采样时间，则得到移动机器人的线性化离散模型：

$$\bar{\boldsymbol{\xi}}(k+1)=\boldsymbol{A}_{k,t}\bar{\boldsymbol{\xi}}(k)+\boldsymbol{B}_{k,t}\bar{\boldsymbol{u}}(k)\tag{3-11}$$

其中：

$$\boldsymbol{A}_{k,t}=\begin{bmatrix}1&0&-Tv_{\mathrm{r}}\sin\varphi_{\mathrm{r}}\\0&1&Tv_{\mathrm{r}}\cos\varphi_{\mathrm{r}}\\0&0&1\end{bmatrix}\tag{3-12a}$$

$$\boldsymbol{B}_{k,t}=\begin{bmatrix}T\sin\varphi_{\mathrm{r}}&0\\T\cos\varphi_{\mathrm{r}}&0\\0&T\end{bmatrix}\tag{3-12b}$$

考虑移动机器人的离散化模型(如式(3－11)所示)，设定：

$$\boldsymbol{\mu}(k \mid t)=\begin{bmatrix}\bar{\boldsymbol{\xi}}(k \mid t) \\ \bar{\boldsymbol{u}}(k-1 \mid t)\end{bmatrix} \tag{3-13}$$

由此可得到一个离散的新的状态空间表达式：

$$\begin{cases}\boldsymbol{\mu}(k+1 \mid t)=\widetilde{\boldsymbol{A}}_{k,t}\boldsymbol{\mu}(k \mid t)+\widetilde{\boldsymbol{B}}_{k,t}\Delta\boldsymbol{u}(k \mid t) \\ \boldsymbol{\eta}(k \mid t)=\widetilde{\boldsymbol{C}}_{k,t}\boldsymbol{\mu}(k \mid t)\end{cases} \tag{3-14}$$

式中：

$$\widetilde{\boldsymbol{A}}_{k,t}=\begin{bmatrix}\boldsymbol{A}_{k,t} & \boldsymbol{B}_{k,t} \\ \boldsymbol{0}_{m\times n} & \boldsymbol{I}_m\end{bmatrix} \tag{3-15a}$$

$$\widetilde{\boldsymbol{B}}_{k,t}=\begin{bmatrix}\boldsymbol{B}_{k,t} \\ \boldsymbol{I}_m\end{bmatrix} \tag{3-15b}$$

$$\widetilde{\boldsymbol{C}}_{k,t}=[\boldsymbol{C}_{k,t}\ \ \boldsymbol{0}] \tag{3-15c}$$

式(3－15)中，n、m 分别表示状态及控制的维数，为了简化表达做如下假设：$\widetilde{\boldsymbol{A}}_{k,t}=\widetilde{\boldsymbol{A}}_t$，$\widetilde{\boldsymbol{B}}_{k,t}=\widetilde{\boldsymbol{B}}_t$、$\widetilde{\boldsymbol{C}}_{k,t}=\widetilde{\boldsymbol{C}}_t$，$k=1, 2, \cdots, t+N-1$。

3.1.2　预测方程

考虑到实际系统中不可避免地存在扰动，并且为了引入积分以减少或消除静态误差，将离散状态空间模型(如式(3－14)所示)改写为增量模型：

$$\begin{cases}\Delta\boldsymbol{\mu}(t+1 \mid t)=\widetilde{\boldsymbol{A}}_t\Delta\boldsymbol{\mu}(t \mid t)+\widetilde{\boldsymbol{B}}_t\Delta\boldsymbol{u}(t \mid t)+\widetilde{\boldsymbol{B}}_d\Delta\boldsymbol{d}(t \mid t) \\ \boldsymbol{\eta}(t \mid t)=\widetilde{\boldsymbol{C}}_t\Delta\boldsymbol{\mu}(t \mid t)-\boldsymbol{\eta}(t-1 \mid t)\end{cases} \tag{3-16}$$

其中，$\Delta\boldsymbol{\mu}$ 为预测状态增量，$\Delta\boldsymbol{u}$ 为控制量增量，$\Delta\boldsymbol{d}$ 为可测扰动干扰增量，$\boldsymbol{\eta}$ 为系统的预测输出。

根据模型预测控制原理，以最新测量值作为初始条件，系统未来动态依据式(3－16)所示模型进行预测。为此，设定预测时域为 N_P，控制时域为 N_C 且 $N_C \leqslant N_P$。为了推导系统的预测方程，做如下假设：

假设 3.1　控制时域之外，控制量不变，即 $\Delta\boldsymbol{u}(t+i|t)=\boldsymbol{0}$，$i=N_C, N_C+1, \cdots, N_P-1$。

假设 3.2　可测干扰在 t 时刻之后不变，即 $\Delta\boldsymbol{d}(t+i|t)=\boldsymbol{0}$，$i=1, 2, \cdots, N_P-1$。

上述两个假设，前者为了保证预测系统能够获得全段预测时域的控制输入，避免控制时域小于预测时域的情况；后者是用于处理未来干扰无法预知的情况。针对上述问题，还存在其他形式的假设，比如：通常假设预测时域与控制时域相等，扰动为随机有界扰动等。综上，可以获得 $t+1$ 到 $t+3$ 时刻的状态增量预测值，即

$$\Delta\boldsymbol{\mu}(t+1 \mid t)=\widetilde{\boldsymbol{A}}_t\Delta\boldsymbol{\mu}(t \mid t)+\widetilde{\boldsymbol{B}}_t\Delta\boldsymbol{u}(t \mid t)+\widetilde{\boldsymbol{B}}_d\Delta\boldsymbol{d}(t \mid t) \tag{3-17}$$

$$\Delta\boldsymbol{\mu}(t+2 \mid t)=\widetilde{\boldsymbol{A}}_t^2\Delta\boldsymbol{\mu}(t \mid t)+\widetilde{\boldsymbol{A}}_t\widetilde{\boldsymbol{B}}_t\Delta\boldsymbol{u}(t \mid t)+\widetilde{\boldsymbol{B}}_t\Delta\boldsymbol{u}(t+1 \mid t)+\widetilde{\boldsymbol{A}}_t\widetilde{\boldsymbol{B}}_d\Delta\boldsymbol{d}(t \mid t) \tag{3-18}$$

$$\Delta\boldsymbol{\mu}(t+3\mid t)=\widetilde{\boldsymbol{A}}_t^3\Delta\boldsymbol{\mu}(t\mid t)+\widetilde{\boldsymbol{A}}_t^2\widetilde{\boldsymbol{B}}_t\Delta\boldsymbol{u}(t\mid t)+\widetilde{\boldsymbol{A}}_t\widetilde{\boldsymbol{B}}_t\Delta\boldsymbol{u}(t+1\mid t)+\widetilde{\boldsymbol{B}}_t\Delta\boldsymbol{u}(t+2\mid t)+\widetilde{\boldsymbol{A}}_t^2\widetilde{\boldsymbol{B}}_d\Delta\boldsymbol{d}(t\mid t) \tag{3-19}$$

进而可以预测 $t+N_{\mathrm{C}}$ 至 $t+N_{\mathrm{P}}$ 时刻的状态：

$$\Delta\boldsymbol{\mu}(t+N_{\mathrm{C}}\mid t)=\widetilde{\boldsymbol{A}}_t^{N_{\mathrm{C}}}\Delta\boldsymbol{\mu}(t\mid t)+\widetilde{\boldsymbol{A}}_t^{N_{\mathrm{C}}-1}\widetilde{\boldsymbol{B}}_t\Delta u(t\mid t)+\widetilde{\boldsymbol{A}}_t^{N_{\mathrm{C}}-2}\widetilde{\boldsymbol{B}}_t\Delta\boldsymbol{u}(t+1\mid t)+\cdots+\widetilde{\boldsymbol{B}}_t\Delta\boldsymbol{u}(t+N_{\mathrm{C}}-1\mid t)+\widetilde{\boldsymbol{A}}_t^{N_{\mathrm{C}}-1}\widetilde{\boldsymbol{B}}_d\Delta\boldsymbol{d}(t\mid t) \tag{3-20}$$

$$\Delta\boldsymbol{\mu}(t+N_{\mathrm{P}}\mid t)=\widetilde{\boldsymbol{A}}_t^{N_{\mathrm{P}}}\Delta\boldsymbol{\mu}(t\mid t)+\widetilde{\boldsymbol{A}}_t^{N_{\mathrm{P}}-1}\widetilde{\boldsymbol{B}}_t\Delta\boldsymbol{u}(t\mid t)+\widetilde{\boldsymbol{A}}_t^{N_{\mathrm{P}}-2}\widetilde{\boldsymbol{B}}_t\Delta\boldsymbol{u}(t+1\mid t)+\cdots+\widetilde{\boldsymbol{A}}_t^{N_{\mathrm{P}}-N_{\mathrm{C}}}\widetilde{\boldsymbol{B}}_t\Delta\boldsymbol{u}(t+N_{\mathrm{C}}-1\mid t)+\widetilde{\boldsymbol{A}}_t^{N_{\mathrm{P}}-1}\widetilde{\boldsymbol{B}}_d\Delta\boldsymbol{d}(t\mid t) \tag{3-21}$$

进一步，由输出方程可以预测 $t+1$ 至 $t+N_{\mathrm{P}}$ 的被控输出：

$$\boldsymbol{\eta}(t+1\mid t)=\widetilde{\boldsymbol{C}}_t\widetilde{\boldsymbol{A}}_t\Delta\boldsymbol{\mu}(t\mid t)+\widetilde{\boldsymbol{C}}_t\widetilde{\boldsymbol{B}}_t\Delta\boldsymbol{u}(t\mid t)+\widetilde{\boldsymbol{C}}_t\widetilde{\boldsymbol{B}}_d\Delta\boldsymbol{d}(t\mid t)+\boldsymbol{\eta}(t\mid t) \tag{3-22}$$

$$\boldsymbol{\eta}(t+2\mid t)=(\widetilde{\boldsymbol{C}}_t\widetilde{\boldsymbol{A}}_t^2+\widetilde{\boldsymbol{C}}_t\widetilde{\boldsymbol{A}}_t)\Delta\boldsymbol{\mu}(t\mid t)+(\widetilde{\boldsymbol{C}}_t\widetilde{\boldsymbol{A}}_t\widetilde{\boldsymbol{B}}_t+\widetilde{\boldsymbol{C}}_t\widetilde{\boldsymbol{B}}_t)\Delta\boldsymbol{u}(t\mid t)+\widetilde{\boldsymbol{C}}_t\widetilde{\boldsymbol{B}}_t\Delta\boldsymbol{u}(t+1\mid t)+(\widetilde{\boldsymbol{C}}_t\widetilde{\boldsymbol{A}}_t\widetilde{\boldsymbol{B}}_t+\widetilde{\boldsymbol{C}}_t\widetilde{\boldsymbol{B}}_d)\Delta\boldsymbol{d}(t\mid t)+\boldsymbol{\eta}(t\mid t) \tag{3-23}$$

$$\boldsymbol{\eta}(t+N_{\mathrm{C}}\mid t)=\sum_{i=1}^{N_{\mathrm{C}}}\widetilde{\boldsymbol{C}}_t\widetilde{\boldsymbol{A}}_t^i\Delta\boldsymbol{\mu}(t\mid t)+\sum_{i=1}^{N_{\mathrm{C}}}\widetilde{\boldsymbol{C}}_t\widetilde{\boldsymbol{A}}_t^{i-1}\widetilde{\boldsymbol{B}}_t\Delta\boldsymbol{u}(t\mid t)+\sum_{i=1}^{N_{\mathrm{C}}-1}\widetilde{\boldsymbol{C}}_t\widetilde{\boldsymbol{A}}_t^{i-1}\widetilde{\boldsymbol{B}}_t\Delta\boldsymbol{u}(t+1\mid t)+\cdots+\widetilde{\boldsymbol{C}}_t\widetilde{\boldsymbol{B}}_t\Delta\boldsymbol{u}(t+N_{\mathrm{C}}-1\mid t)+\sum_{i=1}^{N_{\mathrm{C}}}\widetilde{\boldsymbol{C}}_t\widetilde{\boldsymbol{A}}_t^{i-1}\widetilde{\boldsymbol{B}}_d\Delta\boldsymbol{d}(t\mid t)+\boldsymbol{\eta}(t\mid t) \tag{3-24}$$

$$\boldsymbol{\eta}(t+N_{\mathrm{P}}\mid t)=\sum_{i=1}^{N_{\mathrm{P}}}\widetilde{\boldsymbol{C}}_t\widetilde{\boldsymbol{A}}_t^i\Delta\boldsymbol{\mu}(t\mid t)+\sum_{i=1}^{N_{\mathrm{P}}}\widetilde{\boldsymbol{C}}_t\widetilde{\boldsymbol{A}}_t^{i-1}\widetilde{\boldsymbol{B}}_t\Delta\boldsymbol{u}(t\mid t)+\sum_{i=1}^{N_{\mathrm{P}}-1}\widetilde{\boldsymbol{C}}_t\widetilde{\boldsymbol{A}}_t^{i-1}\widetilde{\boldsymbol{B}}_t\Delta\boldsymbol{u}(t+1\mid t)+\cdots+\sum_{i=1}^{N_{\mathrm{P}}-N_{\mathrm{C}}+1}\widetilde{\boldsymbol{C}}_t\widetilde{\boldsymbol{A}}_t^{i-1}\widetilde{\boldsymbol{B}}_t\Delta\boldsymbol{u}(t+N_{\mathrm{C}}-1\mid t)+\sum_{i=1}^{N_{\mathrm{P}}}\widetilde{\boldsymbol{C}}_t\widetilde{\boldsymbol{A}}_t^{i-1}\widetilde{\boldsymbol{B}}_d\Delta\boldsymbol{d}(t\mid t)+\boldsymbol{\eta}(t\mid t) \tag{3-25}$$

定义预测 N_{P} 步输出向量和 N_{C} 步输入向量如下：

$$\boldsymbol{Y}(t+1\mid t)\triangleq\begin{bmatrix}\boldsymbol{\eta}(t+1\mid t)\\ \boldsymbol{\eta}(t+2\mid t)\\ \vdots\\ \boldsymbol{\eta}(t+N_{\mathrm{C}}\mid t)\\ \vdots\\ \boldsymbol{\eta}(t+N_{\mathrm{P}}\mid t)\end{bmatrix}_{N_{\mathrm{P}}\times 1}$$

$$\Delta \boldsymbol{U}(t) \triangleq \begin{bmatrix} \Delta \boldsymbol{u}(t \mid t) \\ \Delta \boldsymbol{u}(t+1 \mid t) \\ \vdots \\ \Delta \boldsymbol{u}(t+N_C-1 \mid t) \end{bmatrix}_{N_C \times 1}$$

则可得到预测时域内的预测输出方程计算公式：

$$\boldsymbol{Y}(t+1 \mid t) = \boldsymbol{\Psi}_t \Delta \boldsymbol{\mu}(t \mid t) + \boldsymbol{\mathcal{I}}\boldsymbol{\eta}(t \mid t) + \boldsymbol{\Theta}_d \Delta \boldsymbol{d}(t \mid t) + \boldsymbol{\Theta}_t \Delta \boldsymbol{U}(t \mid t) \tag{3-26}$$

式中：

$$\boldsymbol{\Psi}_t = \begin{bmatrix} \widetilde{\boldsymbol{C}}_t \widetilde{\boldsymbol{A}}_t \\ \sum_{i=1}^{2} \widetilde{\boldsymbol{C}}_t \widetilde{\boldsymbol{A}}_t^{i} \\ \vdots \\ \sum_{i=1}^{N_P} \widetilde{\boldsymbol{C}}_t \widetilde{\boldsymbol{A}}_t^{i} \end{bmatrix}_{N_P \times 1}, \quad \boldsymbol{\mathcal{I}} = \begin{bmatrix} \boldsymbol{I}_{n\times n} \\ \boldsymbol{I}_{n\times n} \\ \vdots \\ \boldsymbol{I}_{n\times n} \end{bmatrix}_{N_P \times 1}, \quad \boldsymbol{\Theta}_d = \begin{bmatrix} \widetilde{\boldsymbol{C}}_t \widetilde{\boldsymbol{B}}_d \\ \sum_{i=1}^{2} \widetilde{\boldsymbol{C}}_t \widetilde{\boldsymbol{A}}_t^{i-1} \widetilde{\boldsymbol{B}}_d \\ \vdots \\ \sum_{i=1}^{N_P} \widetilde{\boldsymbol{C}}_t \widetilde{\boldsymbol{A}}_t^{i-1} \widetilde{\boldsymbol{B}}_d \end{bmatrix}_{N_P \times 1}$$

$$\boldsymbol{\Theta}_t = \begin{bmatrix} \widetilde{\boldsymbol{C}}_t \widetilde{\boldsymbol{B}}_t & 0 & \cdots & 0 \\ \sum_{i=1}^{2} \widetilde{\boldsymbol{C}}_t \widetilde{\boldsymbol{A}}_t^{i-1} \widetilde{\boldsymbol{B}}_t & \widetilde{\boldsymbol{C}}_t \widetilde{\boldsymbol{B}}_t & \cdots & 0 \\ \vdots & \vdots & & \vdots \\ \sum_{i=1}^{N_C} \widetilde{\boldsymbol{C}}_t \widetilde{\boldsymbol{A}}_t^{i-1} \widetilde{\boldsymbol{B}}_t & \sum_{i=1}^{N_C-1} \widetilde{\boldsymbol{C}}_t \widetilde{\boldsymbol{A}}_t^{i-1} \widetilde{\boldsymbol{B}}_t & \cdots & \widetilde{\boldsymbol{C}}_t \widetilde{\boldsymbol{B}}_t \\ \vdots & \vdots & & \vdots \\ \sum_{i=1}^{N_P} \widetilde{\boldsymbol{C}}_t \widetilde{\boldsymbol{A}}_t^{i-1} \widetilde{\boldsymbol{B}}_t & \sum_{i=1}^{N_P-1} \widetilde{\boldsymbol{C}}_t \widetilde{\boldsymbol{A}}_t^{i-1} \widetilde{\boldsymbol{B}}_t & \cdots & \widetilde{\boldsymbol{C}}_t \widetilde{\boldsymbol{A}}_t^{i-1} \widetilde{\boldsymbol{B}}_t \end{bmatrix}_{N_P \times N_C}$$

3.1.3　优化函数及约束条件的建立

根据上文推导的移动机器人的预测模型，建立如下目标函数：

$$J(\boldsymbol{\eta}(t), \Delta \boldsymbol{U}(k)) = \| \boldsymbol{Q}(\boldsymbol{Y}(t+1 \mid t) - \boldsymbol{Y}_{\text{ref}}(t+1)) \|^2 + \| \boldsymbol{R}(\Delta \boldsymbol{U}(k)) \|^2 \tag{3-27}$$

其中，$\boldsymbol{Y}(t+1|t)$是t时刻基于模型(如式(3-16)所示)的预测输出，$\Delta \boldsymbol{U}(k)$是控制量增量序列，$\boldsymbol{Q}$和$\boldsymbol{R}$为权重矩阵，给定为

$$\boldsymbol{Q} = \text{diag}\{\boldsymbol{Q}_1, \boldsymbol{Q}_2, \cdots, \boldsymbol{Q}_{N_P}\}_{N_P \times N_P}$$

$$\boldsymbol{R} = \text{diag}\{\boldsymbol{R}_1, \boldsymbol{R}_2, \cdots, \boldsymbol{R}_{N_C}\}_{N_C \times N_C}$$

$\boldsymbol{Y}_{\text{ref}}(t+1)$为给定的控制输出参考序列，即

$$\boldsymbol{Y}_{\text{ref}}(t+1)=\begin{bmatrix} Y_{\text{ref}}(t+1) \\ Y_{\text{ref}}(t+2) \\ \vdots \\ Y_{\text{ref}}(t+N_{\text{C}}) \\ \vdots \\ Y_{\text{ref}}(t+N_{\text{P}}) \end{bmatrix}_{N_{\text{P}}\times 1}$$

式(3－27)第一项表示对预测输出和参考轨迹间误差的惩罚，第二项表示对控制增量的惩罚，惩罚权重越大表明期望对应的状态或控制动作变化越小。同时考虑优化目标函数的约束条件，主要包括控制约束及输出约束。其表达式如下：

$$\boldsymbol{u}_{\min}(t+k)\leqslant \boldsymbol{u}(t+k)\leqslant \boldsymbol{u}_{\max}(t+k),\ k=0,1,2,\cdots,N_{\text{C}}-1 \tag{3-28}$$

$$\Delta\boldsymbol{u}_{\min}(t+k)\leqslant \Delta\boldsymbol{u}(t+k)\leqslant \Delta\boldsymbol{u}_{\max}(t+k),\ k=0,1,2,\cdots,N_{\text{C}}-1 \tag{3-29}$$

$$\boldsymbol{\eta}_{\min}(t+k)\leqslant \boldsymbol{\eta}(t+k)\leqslant \boldsymbol{\eta}_{\max}(t+k),\ k=1,2,\cdots,N_{\text{P}} \tag{3-30}$$

一般情况下，由于上述约束条件的存在，得到预测控制优化问题的解析解较为困难，因此，通常使用数值解代替解析解。带约束预测控制的优化问题是一个二次规划问题，可将优化问题(式(3－27)至式(3－30))转化为二次规划(QP)问题求解。

标准二次规划所需的形式为$\boldsymbol{z}^{\text{T}}\boldsymbol{H}\boldsymbol{z}-\boldsymbol{g}^{\text{T}}\boldsymbol{z}$，其中$\boldsymbol{z}=\Delta\boldsymbol{U}(t)$是优化问题的独立变量，将预测方程式(3－26)代入目标函数式(3－27)，并定义：

$$\boldsymbol{E}_{\text{P}}(t+1\mid t)\triangleq \boldsymbol{Y}_{\text{ref}}(t+1\mid t)-\boldsymbol{\Psi}_t\Delta\boldsymbol{\mu}(t\mid t)-\boldsymbol{\mathcal{I}}\boldsymbol{\eta}(t\mid t)-\boldsymbol{\Theta}_d\Delta\boldsymbol{d}(t\mid t) \tag{3-31}$$

则目标函数变为

$$\begin{aligned} J &= \|\boldsymbol{Q}(\boldsymbol{\Theta}_t\Delta\boldsymbol{U}(t)-\boldsymbol{E}_{\text{P}}(t+1\mid t))\|^2+\|\boldsymbol{R}(\Delta\boldsymbol{U}(t))\|^2 \\ &= \Delta\boldsymbol{U}^{\text{T}}(t)\boldsymbol{\Theta}_t^{\text{T}}\boldsymbol{Q}^{\text{T}}\boldsymbol{Q}\boldsymbol{\Theta}_t\Delta\boldsymbol{U}(t)+\Delta\boldsymbol{U}^{\text{T}}(t)\boldsymbol{R}^{\text{T}}\boldsymbol{R}\Delta\boldsymbol{U}(t)- \\ &\quad 2\boldsymbol{E}_{\text{P}}^{\text{T}}(t+1\mid t)\boldsymbol{Q}^{\text{T}}\boldsymbol{Q}\boldsymbol{\Theta}_t\Delta\boldsymbol{U}(t)+ \\ &\quad \boldsymbol{E}_{\text{P}}^{\text{T}}(t+1\mid t)\boldsymbol{Q}^{\text{T}}\boldsymbol{Q}\boldsymbol{E}_{\text{P}}(t+1\mid t) \end{aligned} \tag{3-32}$$

因为$\boldsymbol{E}_{\text{P}}^{\text{T}}(t+1|t)\boldsymbol{Q}^{\text{T}}\boldsymbol{Q}\boldsymbol{E}_{\text{P}}(t+1|t)$与优化变量$\Delta\boldsymbol{U}(t)$无关，所以就优化问题而言，上式等价于：

$$J=\Delta\boldsymbol{U}^{\text{T}}(t)\boldsymbol{H}\boldsymbol{Q}^{\text{T}}\Delta\boldsymbol{U}(t)-\boldsymbol{G}^{\text{T}}(t+1\mid t)\Delta\boldsymbol{U}(t) \tag{3-33}$$

其中：

$$\boldsymbol{H}=\boldsymbol{\Theta}_t^{\text{T}}\boldsymbol{Q}^{\text{T}}\boldsymbol{Q}\boldsymbol{\Theta}_t+\boldsymbol{R}^{\text{T}}\boldsymbol{R} \tag{3-34}$$

$$\boldsymbol{G}(t+1\mid t)=2\boldsymbol{\Theta}_t^{\text{T}}\boldsymbol{Q}^{\text{T}}\boldsymbol{Q}\boldsymbol{E}_{\text{P}}(t+1\mid t) \tag{3-35}$$

将控制增量约束式(3-29)和控制量约束式(3-28)转换为 $\boldsymbol{C}\boldsymbol{z}\geqslant\boldsymbol{b}$ 的形式：

$$\begin{bmatrix}-\boldsymbol{T}\\ \boldsymbol{T}\end{bmatrix}\Delta\boldsymbol{U}(t)\geqslant\begin{bmatrix}-\Delta\boldsymbol{u}_{\max}(t\mid t)\\ \vdots\\ -\Delta\boldsymbol{u}_{\max}(t+N_{\mathrm{C}}-1\mid t)\\ \Delta\boldsymbol{u}_{\min}(t\mid t)\\ \vdots\\ \Delta\boldsymbol{u}_{\min}(t+N_{\mathrm{C}}-1\mid t)\end{bmatrix} \tag{3-36}$$

$$\begin{bmatrix}-\boldsymbol{L}\\ \boldsymbol{L}\end{bmatrix}\Delta\boldsymbol{U}(t)\geqslant\begin{bmatrix}\boldsymbol{u}(t-1\mid t)-\boldsymbol{u}_{\max}(t\mid t)\\ \vdots\\ \boldsymbol{u}(t-1\mid t)-\boldsymbol{u}_{\max}(t+N_{\mathrm{C}}-1\mid t)\\ \boldsymbol{u}_{\min}(t\mid t)-\boldsymbol{u}(t-1\mid t)\\ \vdots\\ \boldsymbol{u}_{\min}(t+N_{\mathrm{C}}-1\mid t)-\boldsymbol{u}(t-1\mid t)\end{bmatrix} \tag{3-37}$$

其中：

$$\boldsymbol{T}=\begin{bmatrix}\boldsymbol{I}_{n_u\times n_u} & 0 & \cdots & 0\\ 0 & \boldsymbol{I}_{n_u\times n_u} & \cdots & 0\\ \vdots & \vdots & & \vdots\\ 0 & 0 & \cdots & \boldsymbol{I}_{n_u\times n_u}\end{bmatrix}_{m\times m}$$

$$\boldsymbol{L}=\begin{bmatrix}\boldsymbol{I}_{n_u\times n_u} & 0 & \cdots & 0\\ \boldsymbol{I}_{n_u\times n_u} & \boldsymbol{I}_{n_u\times n_u} & \cdots & 0\\ \vdots & \vdots & & \vdots\\ \boldsymbol{I}_{n_u\times n_u} & \boldsymbol{I}_{n_u\times n_u} & \cdots & \boldsymbol{I}_{n_u\times n_u}\end{bmatrix}_{m\times m}$$

对于输入约束，记：

$$\boldsymbol{Y}_{\min}(t+1\mid t)=\begin{bmatrix}\boldsymbol{\eta}_{\min}(t+1\mid t)\\ \boldsymbol{\eta}_{\min}(t+2\mid t)\\ \vdots\\ \boldsymbol{\eta}_{\min}(t+N_{\mathrm{C}}\mid t)\\ \vdots\\ \boldsymbol{\eta}_{\min}(t+N_{\mathrm{P}}\mid t)\end{bmatrix}_{N_{\mathrm{P}}} \tag{3-38a}$$

$$\boldsymbol{Y}_{\max}(t+1 \mid t)=\begin{bmatrix}\boldsymbol{\eta}_{\max}(t+1 \mid t)\\ \boldsymbol{\eta}_{\max}(t+2 \mid t)\\ \vdots \\ \boldsymbol{\eta}_{\max}(t+N_{\mathrm{C}} \mid t)\\ \vdots \\ \boldsymbol{\eta}_{\max}(t+N_{\mathrm{P}} \mid t)\end{bmatrix}_{N_{\mathrm{P}}} \tag{3-38b}$$

其中，$\boldsymbol{\eta}_{\min}(t+i|t)$，$\boldsymbol{\eta}_{\max}(t+i|t)\in\mathbb{R}^{n}$，$i=1, 2, \cdots, N_{\mathrm{P}}$，因此输出约束式(3-30)可描述为下列向量形式：

$$\boldsymbol{Y}_{\min}(t+1 \mid t)\leqslant \boldsymbol{Y}(t+1 \mid t)\leqslant \boldsymbol{Y}_{\max}(t+1 \mid t) \tag{3-39}$$

将约束输出预测方程式(3-39)代入式(3-30)，则输出约束式(3-26)转换为

$$\begin{bmatrix}-\boldsymbol{\Theta}_t\\ \boldsymbol{\Theta}_t\end{bmatrix}\Delta \boldsymbol{U}(t)\geqslant\begin{bmatrix}(\boldsymbol{\Psi}_t\Delta\boldsymbol{\mu}(t \mid t)+\boldsymbol{\mathcal{I}}\boldsymbol{\eta}(t \mid t)+\boldsymbol{\Theta}_d\Delta \boldsymbol{d}(t \mid t))-\boldsymbol{Y}_{\max}(t+1 \mid t)\\ -(\boldsymbol{\Psi}_t\Delta\boldsymbol{\mu}(t \mid t)+\boldsymbol{\mathcal{I}}\boldsymbol{\eta}(t \mid t)+\boldsymbol{\Theta}_d\Delta \boldsymbol{d}(t \mid t))+\boldsymbol{Y}_{\min}(t+1 \mid t)\end{bmatrix} \tag{3-40}$$

综合式(3-33)至式(3-40)，带约束预测控制的优化问题(如式(3-27)至式(3-30)所示)可以转换为如下的 QP 问题描述：

$$\begin{gathered}\min_{\Delta \boldsymbol{U}(t)} \Delta \boldsymbol{U}^{\mathrm{T}}(t)\boldsymbol{H}\Delta \boldsymbol{U}(t)-\boldsymbol{G}^{\mathrm{T}}(t+1 \mid t)\Delta \boldsymbol{U}(t)\\ \text{s. t. } \boldsymbol{C}_u\Delta \boldsymbol{U}(t)\geqslant \boldsymbol{b}(t+1 \mid t)\end{gathered} \tag{3-41}$$

其中，$\boldsymbol{H}$ 和 $\boldsymbol{G}(t+1|t)$ 由式(3-34)和式(3-35)给出。

$$\boldsymbol{C}_u=[-\boldsymbol{T}^{\mathrm{T}} \quad \boldsymbol{T}^{\mathrm{T}} \quad -\boldsymbol{L}^{\mathrm{T}} \quad \boldsymbol{L}^{\mathrm{T}} \quad -\boldsymbol{\Theta}_t^{\mathrm{T}} \quad \boldsymbol{\Theta}_t^{\mathrm{T}}]^{\mathrm{T}}_{(4N_{\mathrm{C}}+2N_{\mathrm{P}})\times 1}$$

$$\boldsymbol{b}(t+1 \mid t)=\begin{bmatrix}-\Delta\boldsymbol{u}_{\max}(t \mid t)\\ \vdots\\ -\Delta\boldsymbol{u}_{\max}(t+N_{\mathrm{C}}-1 \mid t)\\ \Delta\boldsymbol{u}_{\min}(t \mid t)\\ \vdots\\ \Delta\boldsymbol{u}_{\min}(t+N_{\mathrm{C}}-1 \mid t)\\ \boldsymbol{u}(t-1 \mid t)-\boldsymbol{u}_{\max}(t \mid t)\\ \vdots\\ \boldsymbol{u}(t-1 \mid t)-\boldsymbol{u}_{\max}(t+N_{\mathrm{C}}-1 \mid t)\\ \boldsymbol{u}_{\min}(t \mid t)-\boldsymbol{u}(t-1 \mid t)\\ \vdots\\ \boldsymbol{u}_{\min}(t+N_{\mathrm{C}}-1 \mid t)-\boldsymbol{u}(t-1 \mid t)\\ (\boldsymbol{\Psi}_t\Delta\boldsymbol{\mu}(t \mid t)+\boldsymbol{\mathcal{I}}\boldsymbol{\eta}(t \mid t)+\boldsymbol{\Theta}_d\Delta \boldsymbol{d}(t \mid t))-\boldsymbol{Y}_{\max}(t+1 \mid t)\\ -(\boldsymbol{\Psi}_t\Delta\boldsymbol{\mu}(t \mid t)+\boldsymbol{\mathcal{I}}\boldsymbol{\eta}(t \mid t)+\boldsymbol{\Theta}_d\Delta \boldsymbol{d}(t \mid t))+\boldsymbol{Y}_{\min}(t+1 \mid t)\end{bmatrix}_{(4N_{\mathrm{C}}+2N_{\mathrm{P}})\times 1}$$

由式(3-34)知 $\boldsymbol{H}\geqslant\boldsymbol{0}$，因此 QP 问题对任何加权矩阵 $\boldsymbol{Q}\geqslant\boldsymbol{0}$，$\boldsymbol{R}\geqslant\boldsymbol{0}$ 有解，记为 $\Delta\boldsymbol{U}_t^*$，且其是预测时域 N_P、控制时域 N_C 和测量值 $\boldsymbol{\mu}(t)$ 的函数。将获得的控制时域内的控制输入增量序列中的第一个元素作为实际的控制输入增量作用于系统。在下一个采样时刻，将用新的测量值更新 QP 问题(如式(3-41)所示)，因此，约束预测控制的闭环控制律定义为

$$\Delta\boldsymbol{u}(t)=[\boldsymbol{I}_{n\times n}\quad 0\quad \cdots\quad 0]\Delta\boldsymbol{U}_t^*$$

图 3-1 给出了受约束带扰动预测控制器的实现流程。

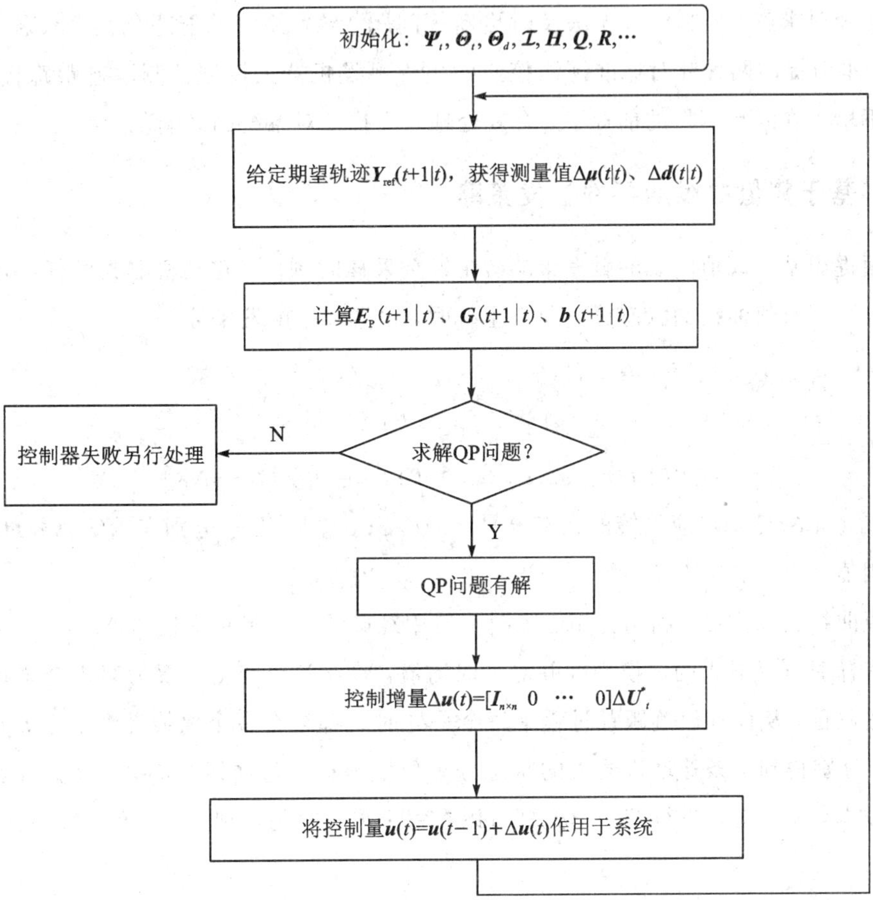

图 3-1　带约束受扰动预测控制的实现流程图

3.2　事件触发轨迹跟踪预测控制算法设计

事件触发控制是一种根据系统的动态特性实现采样或控制动作的控制策略，相比于传统的周期采样控制，事件触发控制具有只在既定事件发生时刻进行动作的特点，因此能够显著降低系统采样与控制信号更新次数，具备节省计算和降低通信负荷的能力。

由于实际移动机器人系统不可避免地存在各类扰动，触发条件的设计需在标称模型式

(3-1)的基础上进一步考虑扰动信号 $w \in W$，用 $\rho \triangleq \sup_{w(t) \in W} \boldsymbol{w}(t)$ 表示扰动上界，其中 W 表示紧集。考虑扰动的状态信号如下式所示：

$$\dot{\boldsymbol{\xi}} = f(\boldsymbol{\xi}, \boldsymbol{u}) + \boldsymbol{p} \tag{3-42}$$

需要强调的是，鲁棒模型预测控制算法虽然可以通过终端代价函数、终端约束及收紧集来处理上述外界扰动，但这些额外的添加项会大幅增加优化问题的在线计算量，严重影响控制器的实时性，降低控制器的优化性能，在硬件设备性能有限的情况下，会存在优化问题无法及时求解、控制信号无法及时更新等问题，导致系统性能恶化甚至失稳。针对上述问题，本节提出两种针对标准预测控制的事件触发机器人模型预测轨迹跟踪控制策略，能够在不增加在线计算量的前提下，有效处理外界扰动对系统的影响。

3.2.1　基于阈值曲线的事件触发策略

下面提出基于阈值曲线的触发策略。在每个采样时刻，当移动机器人的任一状态分量位姿坐标大于阈值曲线的状态分量位姿坐标时，设置如下触发条件：

$$\begin{aligned}\bar{t}_{k+1} \triangleq \inf_{s>t}\{s \mid \xi_1(s \mid t_k) - \sigma_x(s \mid t_k) > 0 \text{ 或} \\ \xi_2(s \mid t_k) - \sigma_y(s \mid t_k) > 0 \text{ 或} \\ \xi_3(s \mid t_k) - \sigma_\varphi(s \mid t_k) > 0\},\ s \in [t_k,\ t_k + N_C]\end{aligned} \tag{3-43}$$

其中，ξ_1、ξ_2、ξ_3 分别对应系统的状态分量 x、y、φ；σ_x、σ_y 及 σ_φ 分别表示状态分量 x、y、φ 对应的阈值。

阈值曲线选取方法：利用在相似工况下使用经典预测控制时采集的 N 组历史数据，选取同一采样时刻机器人的位姿坐标并对其取均值，将这三个变量设置为第 1 个采样时刻事件触发的阈值，从而在轨迹跟踪过程中每个采样时刻都存在一个离线计算的已知阈值。最后，可以分别得到三条移动机器人的状态分量位姿坐标阈值曲线。其中，根据机器人已有的历史样本数据，对其进行统计学处理可以在每个采样时刻得到三个阈值，如下式所示：

$$\begin{cases} \sigma_x(1,\ 2,\ \cdots,\ k) = \dfrac{\sum\limits_{i=1}^{N} x_{i,\ k}}{N} \\ \sigma_y(1,\ 2,\ \cdots,\ k) = \dfrac{\sum\limits_{i=1}^{N} y_{i,\ k}}{N} \\ \sigma_\varphi(1,\ 2,\ \cdots,\ k) = \dfrac{\sum\limits_{i=1}^{N} \varphi_{i,\ k}}{N} \end{cases} \tag{3-44}$$

其中，$x_{i,k}$、$y_{i,k}$、$\varphi_{i,k}$ 分别表示在采样时刻 k 时机器人的横纵坐标及转角，i 表示样本组数，$\sigma_x(k)$、$\sigma_y(k)$、$\sigma_\varphi(k)$ 分别表示在 k 时刻各状态分量对应的阈值。

3.2.2　基于阈值带的事件触发策略

为进一步降低优化问题的求解次数，节省计算资源，下面提出基于阈值带的事件触发策略。在每个采样时刻，当移动机器人的任一状态分量位姿坐标大于阈值带上界的状态分量位姿坐标或小于阈值带下界的状态分量坐标时，设置如下触发条件：

$$
\begin{aligned}
\bar{t}_{k+1} \triangleq \inf_{s>t_k}\{ & s \mid \xi_1(s \mid t_k)-\sigma_{x\_u}(s \mid t_k)>0 \text{ 或} \\
& \xi_1(s \mid t_k)-\sigma_{x\_d}(s \mid t_k)<0 \text{ 或} \\
& \xi_2(s \mid t_k)-\sigma_{y\_u}(s \mid t_k)>0 \text{ 或} \\
& \xi_2(s \mid t_k)-\sigma_{y\_d}(s \mid t_k)<0 \text{ 或} \\
& \xi_3(s \mid t_k)-\sigma_{\varphi\_u}(s \mid t_k)>0 \text{ 或} \\
& \xi_3(s \mid t_k)-\sigma_{\varphi\_d}(s \mid t_k)<0\},\ s \in [t_k,\ t_k+N_C]
\end{aligned} \tag{3-45}
$$

其中，σ_{x_u}、σ_{x_d}、σ_{y_u}、σ_{y_d}、σ_{φ_u}和σ_{φ_d}分别表示横纵坐标及转角对应的上下界阈值。

阈值带的选取方法为：在保证控制效果的情况下，可以通过利用阈值曲线和最大扰动的关系构成阈值带，即

$$
\begin{cases}
\sigma_{x\_u}(1,\ 2,\ \cdots,\ k)=\sigma_x(1,\ 2,\ \cdots,\ k)+\rho \\
\sigma_{x\_d}(1,\ 2,\ \cdots,\ k)=\sigma_x(1,\ 2,\ \cdots,\ k)-\rho \\
\sigma_{y\_u}(1,\ 2,\ \cdots,\ k)=\sigma_y(1,\ 2,\ \cdots,\ k)+\rho \\
\sigma_{y\_d}(1,\ 2,\ \cdots,\ k)=\sigma_y(1,\ 2,\ \cdots,\ k)-\rho \\
\sigma_{\varphi\_u}(1,\ 2,\ \cdots,\ k)=\sigma_\varphi(1,\ 2,\ \cdots,\ k)+\rho \\
\sigma_{\varphi\_d}(1,\ 2,\ \cdots,\ k)=\sigma_\varphi(1,\ 2,\ \cdots,\ k)-\rho
\end{cases} \tag{3-46}
$$

其中，σ_{x_u}、σ_{x_d}、σ_{y_u}、σ_{y_d}、σ_{φ_u}、σ_{φ_d}分别表示 k 时刻对应位姿坐标阈值带的上下界，ρ 为扰动上界。

3.2.3　算法设计

本节针对 3.2.1 与 3.2.2 节设计的事件触发策略进行算法设计。在该算法中，仅当满足触发条件时，才进行优化问题的求解。为了进一步降低优化问题的求解次数，在允许传输的控制信号数量超过控制时域时，持续使用控制序列中的最后一个元素。因此，控制律设置为

$$
\Delta \boldsymbol{U}_{t_k}^{*}=\begin{cases}
[\Delta \boldsymbol{u}_{t_k}^{*},\ \Delta \boldsymbol{u}_{t_k+1}^{*},\ \cdots,\ \Delta \boldsymbol{u}_{t_k+N_C-1}^{*}]^{\mathrm{T}},\ t_k \leqslant t \leqslant t_k+N_C-1 \\
[\Delta \boldsymbol{u}_{t_k+N_C-1}^{*},\ \cdots,\ \Delta \boldsymbol{u}_{t_k+N_C-1}^{*}]^{\mathrm{T}},\ t>t_k+N_C-1
\end{cases} \tag{3-47}
$$

以伪代码表示两种事件触发模型预测轨迹跟踪控制策略，如表 3-1 所示。

表 3-1 事件触发模型预测控制算法伪代码

算法 3.1 事件触发模型预测控制算法
初始化：设定预测时域 N_{P}，初始状态 $\boldsymbol{\xi}_0=[x_0, y_0, \varphi_0]^{\mathrm{T}}$，触发条件 σ，权重矩阵 $\boldsymbol{Q}$、$\boldsymbol{R}$，$k=0$，$i=0$；
1：求解优化问题式(3-41)得到 $\Delta\boldsymbol{U}_{t_k}^*=[\Delta\boldsymbol{u}_{t_k}^*, \Delta\boldsymbol{u}_{t_k+1}^*, \cdots, \Delta\boldsymbol{u}_{t_k+N_{\mathrm{C}}-1}^*]^{\mathrm{T}}$；
2：施加控制信号 $\boldsymbol{u}(i \mid t_k)=\Delta\boldsymbol{U}_{t_k}^*(i)$；
3：**while** 触发条件式(3-43)或式(3-45)未满足 **do**
4：　　施加控制信号 $\boldsymbol{u}(i+1 \mid t_k)=\boldsymbol{u}(i \mid t_k)+\Delta\boldsymbol{U}_{t_k}^*(i+1)$；
5：　　$i=i+1$；
6：**end while**
7：$k=k+1$，$i=0$；
8：求解优化问题式(3-41)得到 $\Delta\boldsymbol{U}_{t_k}^*=[\Delta\boldsymbol{u}_{t_k}^*, \Delta\boldsymbol{u}_{t_k+1}^*, \cdots, \Delta\boldsymbol{u}_{t_k+N_{\mathrm{C}}-1}^*]^{\mathrm{T}}$；
9：**return 3**

首先进行参数初始化。然后执行以下步骤：当 $t_k=0$ 时，求解优化问题式(3-41)得到控制序列 $\Delta\boldsymbol{U}_{t_k}^*=[\Delta\boldsymbol{u}_{t_k}^*, \Delta\boldsymbol{u}_{t_k+1}^*, \cdots, \Delta\boldsymbol{u}_{t_k+N_{\mathrm{C}}-1}^*]^{\mathrm{T}}$，使用第一个元素构成控制信号 $\boldsymbol{u}(t_k)=\boldsymbol{u}(t_k-1)+\Delta\boldsymbol{U}_{t_k}^*(1)$，此时 $\boldsymbol{u}(t_k-1)=\boldsymbol{0}$。将 $\boldsymbol{u}(t_k)$ 作用于系统得到新的状态向量 $\boldsymbol{\xi}(i+1 \mid t_k)$，将其代入式(3-43)或式(3-44)判断是否达到设定的阈值，从而决定基于阈值曲线或阈值带的事件触发策略控制信号是否更新。若不满足触发条件，则持续地使用第一个元素更新系统状态，否则，求解优化问题得到新的控制序列，返回算法 3.1 的第 3 步。不断重复该循环，直到满足控制要求。

为了对采用事件触发机制节省的计算和通信资源进行量化，在此引入如下公式：

$$S_1=1-\left(\frac{T_{\mathrm{e}}}{T_{\mathrm{t}}}\right) \tag{3-48}$$

$$S_2=(T_{\mathrm{t}}-T_{\mathrm{e}})d \tag{3-49}$$

式中，T_{e}、T_{t} 分别表示事件触发次数与时间触发次数，d 表示实验室环境中实测的平均网络时延。因此，式(3-48)和式(3-49)能够对节省的计算与通信资源进行量化分析。需要指出的是，针对不同工况环境，在对前期积累的历史数据进行统计分析后，同样能够使用该控制策略，因此本章提出的控制策略还具有较强的普遍适应性。

3.3 仿真验证

首先基于 MATLAB 平台对本章提出的事件触发模型预测轨迹跟踪控制策略进行仿真验证，硬件处理器为 Intel® Core™ i7-7700，内存为 8 GB。在仿真中，利用式(2-22)的移动机器人差速运动模型，移动机器人初始位姿为[0，0，0]，设定参考轨迹为 $y=10$ 的直线。

仿真参数设置如下：采样时间 $T=0.05$ s，步数 $N_{\mathrm{S}}=250$，预测时域及控制时域

$N_P=N_C=5$，权重矩阵 $\boldsymbol{Q}=[1\ 0\ 0;\ 0\ 1\ 0;\ 0\ 0\ 0.5]$，$\boldsymbol{R}=[0.1\ 0;\ 0\ 0.1]$，扰动上界 $\rho=0.05$，控制增量约束 $-0.05\leqslant\Delta u\leqslant 0.05$，输入约束 $-0.2\leqslant u\leqslant 0.2$，选取 $N=10$ 进行阈值的设置。其中扰动上界 ρ 选取为真实实验中多组轨迹跟踪的最大稳态误差。为了得到阈值曲线和阈值带，在相同实验条件下，对预先在经典预测控制下记录的轨迹跟踪坐标数据进行处理，即分别利用式(3-44)和式(3-46)得到对应阈值曲线和阈值带，结果如图 3-2 所示。

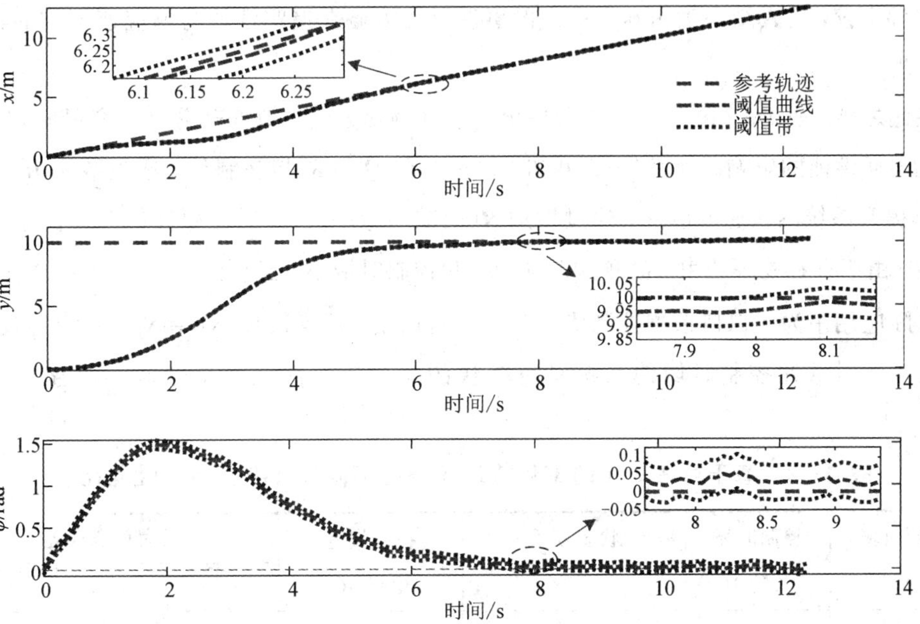

图 3-2　阈值曲线和阈值带

对比本章所提出的两种事件触发策略与经典时间触发的控制效果，结果如图 3-3 所示。

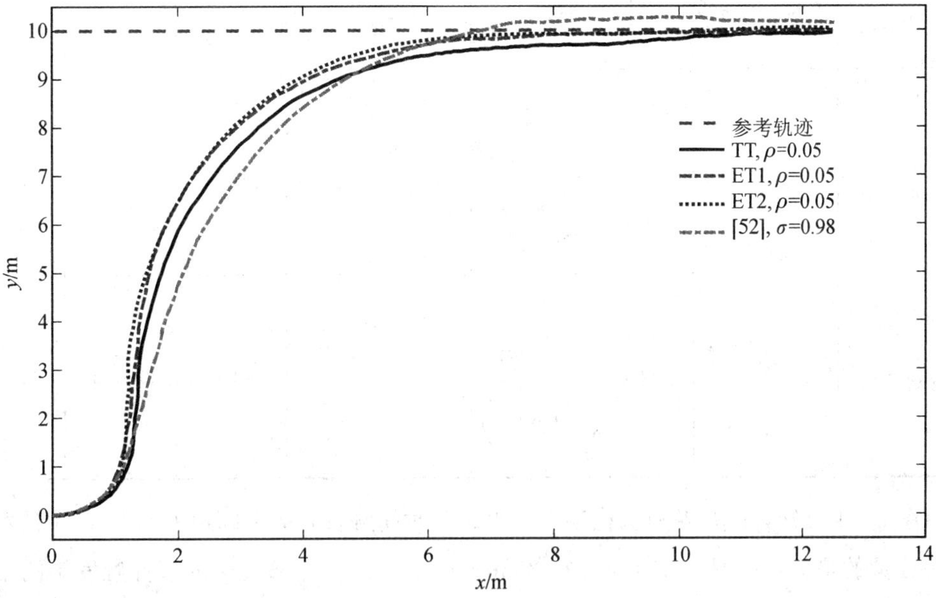

图 3-3　轨迹跟踪结果与文献[52]比较

图 3-3 中，TT 表示时间触发控制方法，ET1 和 ET2 分别表示使用阈值曲线和阈值带的事件触发策略。结果表明，在有界随机扰动上界 $\rho=0.05$ 的影响下，时间触发能快速响应并准确地跟踪上期望轨迹，两种事件触发控制策略与时间触发具备相近的跟踪效果且均能够较好地跟踪上期望轨迹。实际上，可以看到两种事件触发控制策略都具有较快的响应速度，这体现出事件触发控制器的优势。此外，将本章所提出的事件触发策略与文献[52]的方案进行比较，仿真结果表明本章提出的事件触发策略在追踪性能与响应速度方面具有更好的表现。

除此之外，表 3-2 展示了本章所提出的事件触发方法在改变部分设计变量时，对机器人系统闭环性能的影响。由表 3-2 可知，权重矩阵 $\boldsymbol{Q}$ 与 $\boldsymbol{R}$ 相互制约，通过减小 $\boldsymbol{R}$（或增加 $\boldsymbol{Q}$）可以提升系统的快速响应性；通过增加 $\boldsymbol{R}$（或减小 $\boldsymbol{Q}$）可以降低控制代价并提高系统的稳态性能。由于存在物理约束，故预测时域 N_P 和控制时域 N_C 必须满足 $N_\mathrm{C}\leqslant N_\mathrm{P}$ 的条件，并且在实际应用中为了保持预测控制优化问题的自由度，通常假设 $N_\mathrm{C}=N_\mathrm{P}$。在上述设定下，较大的预测时域和控制时域使系统具有较快的响应速度而在稳态性能方面存在一定的妥协。

表 3-2　基于算法 3.1 的事件触发策略在不同设计变量下的性能比较

预测时域（N_P）	控制时域（N_C）	状态权重矩阵（$\boldsymbol{Q}$）	控制权重矩阵（$\boldsymbol{R}$）	最大稳态误差		
				x/m	y/m	φ/rad
5	5	$\begin{bmatrix}1&0&0\\0&1&0\\0&0&0.5\end{bmatrix}$	$\begin{bmatrix}0.1&0\\0&0.1\end{bmatrix}$	0.033	0.054	0.011
5	5	$\begin{bmatrix}0.5&0&0\\0&0.5&0\\0&0&0.25\end{bmatrix}$	$\begin{bmatrix}0.1&0\\0&0.1\end{bmatrix}$	0.028	0.038	0.013
8	8	$\begin{bmatrix}1&0&0\\0&1&0\\0&0&0.5\end{bmatrix}$	$\begin{bmatrix}0.1&0\\0&0.1\end{bmatrix}$	0.042	0.053	0.037

由图 3-4 可知，在有界随机扰动下，相比于时间触发，基于阈值曲线的事件触发策略各状态分量的最大误差是 0.134 m、0.326 m、0.085 m；基于阈值带的事件触发策略最大误差是 0.150 m、0.483 m、0.115 m。并且结合图 3-3 知误差较大的区域在 2～4 s 内，这里误

差较大的原因主要在于事件触发具有较快的响应速度，此外，ET2 相比于 ET1 也具有更好的追踪效果。在 11 s 时各系统状态逐渐达到稳态，但由于有界随机扰动的存在，状态分量并未完全收敛并保持在参考轨迹而是存在微小的波动。此时相比于参考轨迹，不同控制策略下各状态分量最大稳态误差如表 3－3 所示。综上可知，在对控制器引入事件触发机制后，可以较大程度地保证机器人的运行轨迹与参考轨迹一致。

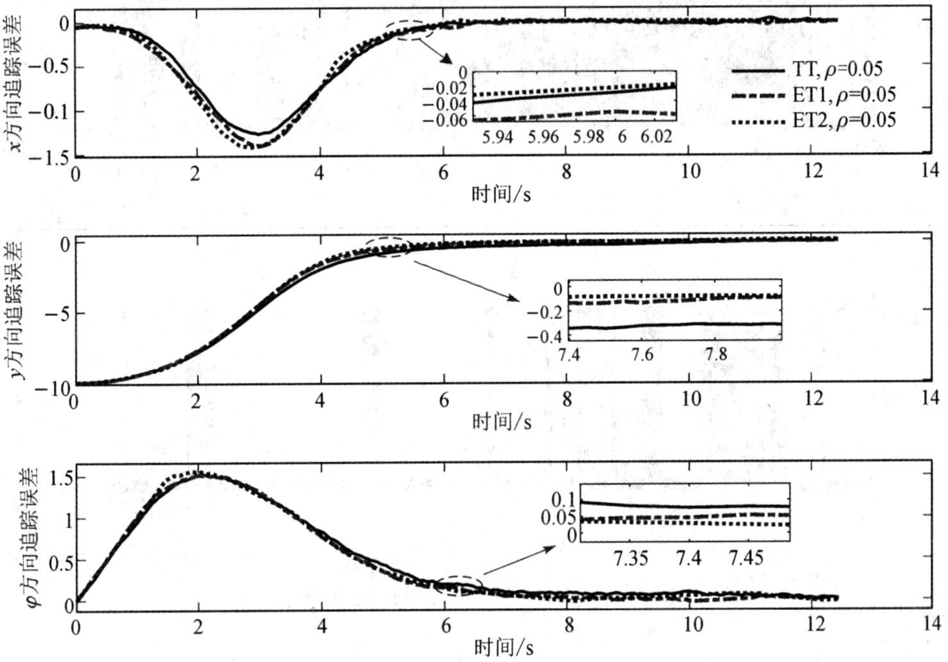

图 3－4　各状态分量轨迹跟踪结果

表 3－3　各状态分量最大稳态误差

触发控制策略	x/m	y/m	φ/rad
TT	0.036	0.094	0.054
ET1	0.018	0.026	0.021
ET2	0.032	0.041	0.024

图 3－5 展示了基于两种事件触发控制策略的优化问题在线求解次数，ET1 和 ET2 的触发时刻分别用值为 1 的圆和菱形表示。由于在每个采样时刻都要求解优化问题，时间触发机制共需要在线求解优化问题 250 次，基于阈值曲线的事件触发控制策略需求解 184 次，而基于阈值带的事件触发控制策略需求解 65 次。因此，本章所提出的事件触发策略能显著地降低轨迹跟踪控制过程中 MPC 的更新次数。根据式(3－48)可知计算量分别降低 26.4%

和 74%，同时由于未满足触发条件时沿用上一时刻的控制信号，从而有效降低了通信资源消耗。

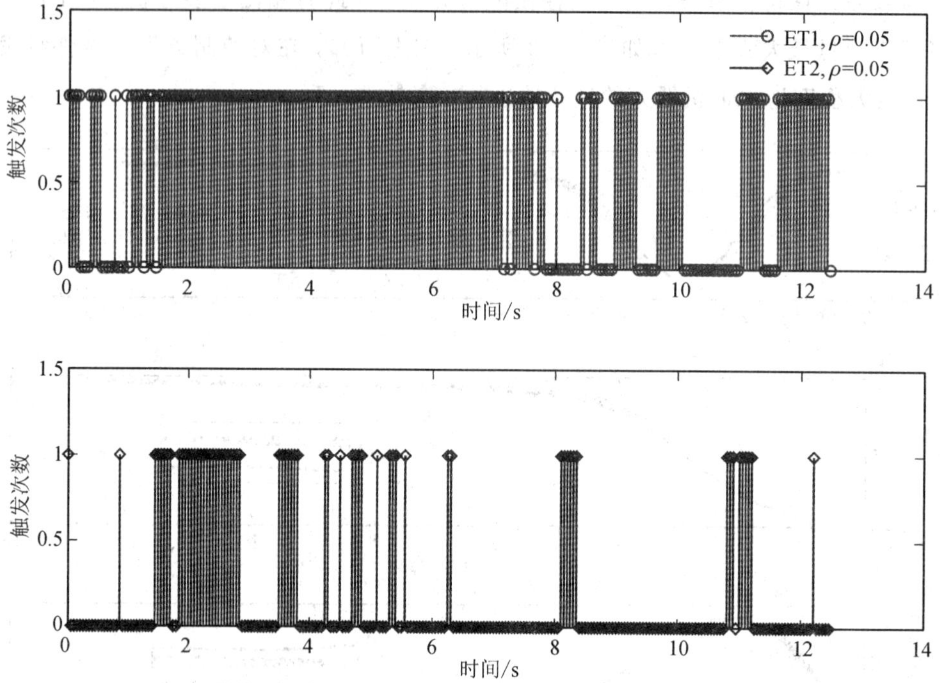

图 3-5　两种触发策略的触发次数比较

本章小结

基于事件触发机制的移动机器人模型预测轨迹跟踪控制策略相较于传统模型预测控制方法能显著地减少优化问题的求解次数，降低预测控制的在线计算量。基于此，本章针对标准预测控制算法，提出了两种不同的事件触发策略，即基于阈值曲线的触发策略和基于阈值带的触发策略，其中阈值曲线(带)的选取是基于统计学方法对历史轨迹数据进行统计处理，能够显著降低触发次数并有效处理外界扰动，最后通过仿真验证了所设计触发策略的有效性。

第 4 章　有界扰动下移动机器人自触发模型预测控制策略研究

近些年，一些较为流行的理论侧重于将最小最大优化或自适应控制理论与自触发 MPC 相结合，以获得更好的理论分析[46-48]。但这会带来相对较大的计算负担，尤其是在计算能力有限的实际移动机器人系统中体现得更加明显。

本章的研究动机是针对目前移动机器人系统自触发模型预测控制的研究多是基于非完整系统模型建立的，很少有学者研究具有完整系统模型特征的移动机器人系统，但这种系统能更准确地反映机器人的动态行为方式。本章分析了完整约束移动机器人系统动力学模型的理论性质，并设计了一个结构相对简单的自触发 MPC 算法，以方便实现控制目的[49]。

4.1 问题描述

4.1.1 移动机器人非线性建模

本章考虑一类比式(2-1)更为具体的完整移动机器人系统，其动力学模型如下所示：

$$\dot{\boldsymbol{x}} = f(\boldsymbol{x}, \boldsymbol{u}) \Rightarrow \begin{bmatrix} \dot{\chi} \\ \dot{y} \\ \dot{\gamma} \end{bmatrix} = \begin{bmatrix} \cos\varepsilon & -\sin\varepsilon & 0 \\ \sin\varepsilon & \cos\varepsilon & 0 \\ 0 & 0 & 1 \end{bmatrix} \begin{bmatrix} \mu \\ \nu \\ \omega \end{bmatrix} \tag{4-1}$$

根据矩阵运算，公式可以被写作

$$\begin{cases} \dot{\chi} = \mu\cos\varepsilon - \nu\sin\varepsilon \\ \dot{y} = \mu\sin\varepsilon + \nu\cos\varepsilon \\ \dot{\gamma} = \omega \end{cases} \tag{4-2}$$

其中，ε 表示移动机器人的航向角，$\boldsymbol{x}=[\chi, y, \gamma]^{\mathrm{T}}$ 代表在惯性参考系下由位置$[\chi, y]$和角度 γ 组成的移动机器人状态变量，$\boldsymbol{u}=[\mu, \nu, \omega]^{\mathrm{T}}$ 表示在机器人参考系下由线速度$[\mu, \nu]$和角速度 ω 组成的输入变量。定义 $\boldsymbol{R}(\varepsilon)$ 为旋转矩阵，它可以被表示为

$$\boldsymbol{R}(\varepsilon) = \begin{bmatrix} \cos\varepsilon & -\sin\varepsilon & 0 \\ \sin\varepsilon & \cos\varepsilon & 0 \\ 0 & 0 & 1 \end{bmatrix} \tag{4-3}$$

假设移动机器人的状态变量和控制输入的约束集是包含原点的封闭紧集，考虑到移动机器人实际的运动机构限制，状态变量和输入变量分别受到如下约束：

$$\boldsymbol{x}(t) \in X \subset \mathbb{R}^3 \tag{4-4}$$

$$\boldsymbol{u}(t) \triangleq [\mu(t), \nu(t), \omega(t)]^{\mathrm{T}} \in U \subset \mathbb{R}^3 \tag{4-5}$$

其中，$\mathbb{R}^3$表示三维的实数集。输入状态的每个分量分别受到以下约束：$|\mu| \leqslant \bar{\mu}$，$|\nu| \leqslant \bar{\nu}$，$|\omega| \leqslant \bar{\omega}$，$\bar{u} = \sqrt{\bar{\mu}^2 + \bar{\nu}^2 + \bar{\omega}^2}$，其中$\bar{u}$，$\bar{\mu}$，$\bar{\nu}$，$\bar{\omega} \in \mathbb{R}$且都大于等于0，可以得出$\|\boldsymbol{u}\| \leqslant \bar{u}$。

对于给定的系统，其对应的受扰动系统可以表示为

$$\dot{\boldsymbol{x}} = f(\boldsymbol{x}, \boldsymbol{u}) + \boldsymbol{\alpha}(t) \tag{4-6}$$

其中，$\alpha(t) \in A \subset \mathbb{R}^3$代表系统受到的扰动，假设随机扰动是有界的，即$\|\boldsymbol{\alpha}(t)\| \leqslant \bar{\alpha}$。

4.1.2　非线性模型预测控制的设计

目标状态可以用状态向量$\boldsymbol{x}_{\mathrm{d}} \triangleq [\chi_{\mathrm{d}}, y_{\mathrm{d}}, \gamma_{\mathrm{d}}]^{\mathrm{T}} \in X$来表示，其分量可以表示为

$$\begin{cases} \dot{\chi}_{\mathrm{d}} = \mu_{\mathrm{d}} \cos\varepsilon_{\mathrm{d}} - \nu_{\mathrm{d}} \sin\varepsilon_{\mathrm{d}} \\ \dot{y}_{\mathrm{d}} = \mu_{\mathrm{d}} \sin\varepsilon_{\mathrm{d}} + \nu_{\mathrm{d}} \cos\varepsilon_{\mathrm{d}} \\ \dot{\gamma}_{\mathrm{d}} = \omega_{\mathrm{d}} \end{cases} \tag{4-7}$$

用序列$\{t_n\}$表示触发时刻，$\boldsymbol{u}(s; t_n)$代表控制序列，其中$s \in [t_n, t_n + T]$，T表示预测时域。代价函数可以表示为

$$J(\hat{\boldsymbol{x}}(s; t_n), \hat{\boldsymbol{u}}(s; t_n)) = \int_{t_n}^{t_n+T} F(\hat{\boldsymbol{x}}(s; t_n), \hat{\boldsymbol{u}}(s, t_n))\mathrm{d}s + E(\hat{\boldsymbol{x}}(t_n + T)) \tag{4-8}$$

使得

$$\begin{cases} \dot{\hat{\boldsymbol{x}}} = f(\hat{\boldsymbol{x}}(s; t_n), \hat{\boldsymbol{u}}(s; t_n)), s \in [t_n, t_n + T] \\ \hat{\boldsymbol{u}}(s; t_n) \in U, s \in [t_n, t_n + T] \\ \hat{\boldsymbol{x}}(s; t_n) \in X_{t-t_n}, s \in [t_n, t_n + T] \\ \hat{\boldsymbol{x}}(t_n + T) \in \xi_{\mathrm{f}} \end{cases} \tag{4-9}$$

其中：$\hat{\boldsymbol{u}}(s; t_n)$表示预测控制序列，代表在$t_n$时刻预测的$s$的输入信号；$\hat{\boldsymbol{x}}(s; t_n)$表示与$\hat{\boldsymbol{u}}(s; t_n)$相关的预测状态序列；$F$是运行代价函数，$E$是终端代价，分别表示为$F(\boldsymbol{x}, \boldsymbol{u}) = \boldsymbol{x}^{\mathrm{T}}\boldsymbol{Q}\boldsymbol{x} + \boldsymbol{u}^{\mathrm{T}}\boldsymbol{R}\boldsymbol{u}$和$E(\boldsymbol{x}) = \boldsymbol{x}^{\mathrm{T}}\boldsymbol{P}\boldsymbol{x}$。设置其中的权重矩阵为$\boldsymbol{Q} = \mathrm{diag}\{q_1, q_2, q_3\}$，$\boldsymbol{R} = \mathrm{diag}\{r_1, r_2\}$和$\boldsymbol{P} = \mathrm{diag}\{p_1, p_2, p_3\}$，它们都是正定矩阵。

4.1.3　问题描述

为了证明非线性模型预测控制方案能够生成保证鲁棒稳定性的控制器，下面提出以下

定义和稳定性假设：

定义 4.1(控制不变集)　给定集合 $X\subseteq\mathbb{R}^n$ 以及系统 $\boldsymbol{x}_{k+1}=f(\boldsymbol{x}_k,\boldsymbol{u}_k)$。如果对于所有的 $\boldsymbol{x}_k\in X$ 都存在 $\boldsymbol{u}_k\in U$，使得 $f(\boldsymbol{x}_k, \boldsymbol{u}_k)\in\Omega$，那么集合 Ω 是鲁棒不变集(Robust Invariant Set, RIS)。

假设 4.1　假设集合 $\xi\subset X$ 是标称系统的最小鲁棒不变集，它被定义为 $\xi\triangleq\{\boldsymbol{x}\in X: \|\boldsymbol{x}\|\leqslant\delta_0\}$，其中 $\delta_0>0$。

假设 4.2　假设存在一个局部稳定控制器 $u_K(\boldsymbol{x}(s))$，相关的李亚普诺夫函数具有以下性质：

$$\frac{\partial E}{\partial \boldsymbol{x}}(\boldsymbol{x}(s),\ u_K(\boldsymbol{x}(s)))\leqslant -F(\boldsymbol{x}(s),\ u_K(\boldsymbol{x}(s))),\ \forall\,\boldsymbol{x}\in\xi$$

假设 4.3　给定一个鲁棒不变集 ξ，有 $E(\boldsymbol{x})=\boldsymbol{x}^{\mathrm{T}}\boldsymbol{P}\boldsymbol{x}\leqslant\rho_\xi$，其中 $\rho_\xi=\max\{p_1, p_2, p_3\}\delta_0^2>0$，进一步假设 $\xi=\{\boldsymbol{x}\in X: u_K(\boldsymbol{x})\in U\}$。假设 $\xi_{\mathrm{f}}=\{\boldsymbol{x}\in\mathbb{R}^3: E(\boldsymbol{x})\leqslant\rho_{\xi_{\mathrm{f}}}\}$，$\forall\,\boldsymbol{x}\in\xi$，$f(\boldsymbol{x}, u_K)\in\xi_{\mathrm{f}}$，其中 $\rho_{\xi_{\mathrm{f}}}\in(0, \rho_\xi)$。

在时刻 t_n，最优控制轨迹 $\boldsymbol{u}^*(s; t_n)$ 通过最小化代价函数获得，其中 $s\in[t_n, t_n+T]$。控制律应在时间区间 $[t_n, t_{n+1})$ 内以开环方式用于移动机器人系统，则需要考虑的是这个时间间隔有多长。本章的主要内容是研究一种新的自触发 MPC 方案，在保证系统稳定的前提下求解一个尽可能长的时间间隔。

考虑到系统是受约束的，控制目标是：

(1) 通过设计一种自发性的状态反馈鲁棒控制方法，使系统的状态收敛于一个不变集。

(2) 设计一个触发策略，确定触发间隔和下一个控制更新时间。

首先，在下列引理中证明了名义系统的一些重要性质。

引理 4.1　移动机器人系统关于状态 $\boldsymbol{x}$ 李普希兹连续，其李普希兹常数为 $L_f\triangleq\sqrt{2(\mu^2+\nu^2)}$。

证明

$$\begin{aligned}
&\|f(\boldsymbol{x}_1, \boldsymbol{u})-f(\boldsymbol{x}_2, \boldsymbol{u})\|^2\\
&=\left\|\begin{matrix}\mu\cos\varepsilon_1-\nu\sin\varepsilon_1-\mu\cos\varepsilon_2+\nu\sin\varepsilon_2\\ \mu\sin\varepsilon_1+\nu\cos\varepsilon_1-\mu\sin\varepsilon_2-\nu\cos\varepsilon_2\\ \omega_1-\omega_2\end{matrix}\right\|^2\\
&=(|\mu|^2+|\nu|^2)(|\sin\varepsilon_1-\sin\varepsilon_2|^2+|\cos\varepsilon_1-\cos\varepsilon_2|^2)\\
&\leqslant 2(\mu^2+\nu^2)\ |\cos\varepsilon_1-\cos\varepsilon_2|^2
\end{aligned}\tag{4-10}$$

这意味着对于所有的 $\boldsymbol{x}_1, \boldsymbol{x}_2\in X$，$\|f(\boldsymbol{x}_1, \boldsymbol{u})-f(\boldsymbol{x}_2, \boldsymbol{u})\|\leqslant\sqrt{2(\mu^2+\nu^2)}\|\boldsymbol{x}_1-\boldsymbol{x}_2\|$ 成立，即李普希兹常数 $L_f\triangleq\sqrt{2(\mu^2+\nu^2)}$。

引理 4.2　对于移动机器人系统，由于扰动的存在，实际状态 $\boldsymbol{x}(s; t_n)$ 和最优预测状态 $\hat{\boldsymbol{x}}(s; t_n)$ 存在差异，差值可以表示为

$$\|\boldsymbol{x}(s;\ t_n)-\hat{\boldsymbol{x}}(s;\ t_n)\|\leqslant\beta(s)\tag{4-11}$$

其中，$\beta(s)\triangleq(2\sqrt{2(\bar{\mu}^2+\bar{\nu})^2}+\bar{\alpha})s$，$\forall s\in[t_n, t_n+T]$。

证明 对于 $s\in[t_n, t_{n+1}]$，可以计算得到

$$
\begin{aligned}
&\boldsymbol{x}(s;t_n)-\hat{\boldsymbol{x}}(s;t_n)\\
&=\boldsymbol{x}(t_n)+\int_{t_n}^{t_n+t}f(\boldsymbol{x}(s),\boldsymbol{u}(s))\mathrm{d}s+\int_{t_n}^{t_n+t}\boldsymbol{\alpha}(s)\mathrm{d}s-\hat{\boldsymbol{x}}(t_n)-\int_{t_n}^{t_n+t}f(\hat{\boldsymbol{x}}(s),\hat{\boldsymbol{u}}(s))\mathrm{d}s\\
&\leqslant\int_{t_n}^{t_n+t}[f(\boldsymbol{x}(s),\boldsymbol{u}(s))-f(\hat{\boldsymbol{x}}(s),\hat{\boldsymbol{u}}(s))]\mathrm{d}s+\int_{t_n}^{t_n+t}\boldsymbol{\alpha}(s)\mathrm{d}s\\
&\leqslant(2\sqrt{2(\bar{\mu}^2+\bar{\nu})^2}+\bar{\alpha})t
\end{aligned}
$$

定理得证。

由于干扰的存在，需要对系统状态的约束集进行修改，以保证系统的鲁棒性。因此，设计一个紧缩的约束集 X_{t-t_n}，它满足 $X_{t-t_n}\subset X$。基于约束收紧技术，将控制轨迹应用于系统时，得到的状态符合状态约束集 X。综上所述，将受限约束集收紧为

$$X_{t-t_n}=X\sim S_{t-t_n}$$

其中 $S_{t-t_n}=\{\boldsymbol{x}\in\mathbb{R}^3:\|\boldsymbol{x}\|\leqslant\beta(t-t_n)\}$，$t\in[t_n, t_n+T]$，式中的符号"～"表示庞特里亚金集合减运算。接下来，引理 4.3 进一步证明了系统的运行成本也是李普希兹连续的。

引理 4.3 运行代价函数 $F(\boldsymbol{x},\boldsymbol{u})$是关于状态 $\boldsymbol{x}$ 李普希兹连续的，李普希兹常数为 $L_F\triangleq2\left(L_{\max}^2+\left(\frac{\pi}{2}\right)^2\right)^{\frac{1}{2}}\lambda_{\max}(\boldsymbol{Q})$，其中 $\lambda_{\max}(\boldsymbol{Q})$是矩阵 $\boldsymbol{Q}$ 的最大特征值，$L_{\max}$是机器人当前位置与目标之间的最大距离。

证明 给定模型预测控制代价函数的定义，可以得到

$$\|F(\boldsymbol{x}_1,\boldsymbol{u})-F(\boldsymbol{x}_2,\boldsymbol{u})\|=\|\boldsymbol{x}_1^{\mathrm{T}}\boldsymbol{Q}\boldsymbol{x}_1-\boldsymbol{x}_2^{\mathrm{T}}\boldsymbol{Q}\boldsymbol{x}_2\|\leqslant(\|\boldsymbol{x}_1\|-\|\boldsymbol{x}_2\|)\lambda_{\max}(Q)\|\boldsymbol{x}_1-\boldsymbol{x}_2\|$$

注意到

$$\|\boldsymbol{x}\|^2\leqslant\|\chi\|^2+\|y\|^2+\|\varepsilon\|^2\leqslant L_{\max}^2+\left(\frac{\pi}{2}\right)^2,\ \forall\boldsymbol{x}\in X$$

所以可以推导出

$$L_F\triangleq2\left(L_{\max}^2+\left(\frac{\pi}{2}\right)^2\right)^{\frac{1}{2}}\lambda_{\max}(Q)$$

引理得证。

4.2 稳定性和可行性证明

本节将对机器人系统进行稳定性分析。由于系统受到扰动的影响，只能保证系统的最终有界性。下面对所考虑系统的可行性和闭环系统的收敛性进行理论分析。

本章的自触发模型预测控制算法采用一种双模控制方案。换句话说，一旦状态属于终

端集，将采用状态局部控制律 $\boldsymbol{u}_K(t)=\boldsymbol{K}\boldsymbol{x}(t)$，而不是求解最优控制问题，从而节省计算和通信资源。该方案控制过程如表 4－1 所示。

表 4－1　自触发模型预测控制算法伪代码

算法 4.1　自触发模型预测控制算法
while $\boldsymbol{x}(s;\ t_n)\notin \xi_f$ **do**
求解最优控制问题；
while t_{n+1} 没有被触发 **do**
应用输入信号 $\hat{\boldsymbol{u}}^*(s;\ t_n)$；
end while
计算下一个触发时刻 t_{n+1}；
$n=n+1$；
end while
应用状态局部控制率 $\boldsymbol{u}_K(t)=\boldsymbol{K}\boldsymbol{x}(t)$。

4.2.1　可行性分析

本节从理论上证明算法 4.1 的迭代可行性，其表述如定理 4.1 所示。

定理 4.1　若假设 4.1～4.3 成立，如果预测时域 T 满足 $T\leqslant\dfrac{\rho_\xi-\rho_{\xi_f}}{L_E(2\sqrt{2}\,(\bar{\mu}^2+\bar{\nu})^2+\bar{\alpha})}$，那么算法 4.1 是迭代可行的。

证明　首先，在 t_{n+1} 构造一个可行控制输入 $\tilde{\boldsymbol{u}}(s;\ t_{n+1})$，如下所示：

$$\tilde{\boldsymbol{u}}(s;\ t_{n+1})=\begin{cases}\hat{\boldsymbol{u}}^*(s;\ t_n), & s\in[t_{n+1},\ t_n+T]\\ \boldsymbol{K}\hat{\boldsymbol{x}}^*(s;\ t_n), & s\in[t_n+T,\ t_{n+1}+T]\end{cases}\tag{4-12}$$

其中，$\boldsymbol{K}\hat{\boldsymbol{x}}^*(s;\ t_n)$是局部反馈控制器。给定控制信号，能够得到

$$\begin{aligned}E(\hat{\boldsymbol{x}}(t_n+T;\ t_{n+1})&\leqslant E(\hat{\boldsymbol{x}}(t_n+T;\ t_n))+L_E\beta(T)\\&\leqslant \rho_{\xi_f}+L_E(2\sqrt{2}\,(\bar{\mu}^2+\bar{\nu})^2+\bar{\alpha})T\\&\leqslant \rho_\xi\end{aligned}$$

注意不等式 $2\sqrt{2}\,(\bar{\mu}^2+\bar{\nu})^2+\bar{\alpha}\leqslant\dfrac{\rho_\xi-\rho_{\xi_f}}{L_ET}$能够保证不确定性是有限的。当 $s\in[t_n,\ t_n+T]$时，考虑到$\|\boldsymbol{x}(s;\ t_n)-\hat{\boldsymbol{x}}(s;\ t_n)\|\leqslant\beta(t)$，能够得到 $\hat{\boldsymbol{x}}(s;\ t_n)\in X_{t-t_n}$，进一步 $\hat{\boldsymbol{x}}(s;\ t_{n+1})\in X_{t-t_n}$ 能够得到保证。此外，能够证明 $\tilde{\boldsymbol{u}}(s;\ t_{n+1})\in U$ 对所有 $s\in[t_{n+1},\ t_{n+1}+T]$都成立。

综上所述，定理 4.1 得证。

4.2.2 渐进稳定性

本节讨论闭环系统的渐进稳定性，具体表述如定理 4.2 所示。

定理 4.2 给定受约束的非线性系统，控制过程如算法 4.1 所示，若假设 4.1～4.3 成立，则系统会保持稳定，且系统状态会在有限时间内收敛到紧集 ξ_f。

证明 选择最优代价函数 $J^*(\boldsymbol{u}^*(s;t_n),\boldsymbol{x}(t_n))\triangleq J^*(t_n)$为系统的李雅普诺夫函数，则可行轨迹的代价函数可以表示为

$$\bar{J}^*(\tilde{\boldsymbol{u}}(s;t_{n+1}),\boldsymbol{x}(t_{n+1}))\triangleq\bar{J}(t_{n+1})$$

其中 t_n、t_{n+1}是两个连续的触发时刻。

设

$$\boldsymbol{x}_1(s)=\bar{\boldsymbol{x}}(s;t_{n+1})$$

$$\boldsymbol{u}_1(s)=\bar{u}(s;t_{n+1})$$

$$\boldsymbol{x}_2(s)=\hat{\boldsymbol{x}}(s;t_n)$$

$$\boldsymbol{u}_2(s)=u^*(s;t_n)$$

则可行代价和最优代价函数之间的差值可以表示为

$$\begin{aligned}&\bar{J}(t_{n+1})-J^*(t_n)\\&=\int_{t_{n+1}}^{t_n+T}F(\boldsymbol{x}_1(s),\boldsymbol{u}_1(s))\mathrm{d}s+E(\boldsymbol{x}_1(t_{n+1}+T))+\\&\quad\int_{t_n+T}^{t_{n+1}+T}F(\boldsymbol{x}_1(s),\boldsymbol{u}_1(s))\mathrm{d}s-\int_{t_n}^{t_{n+1}}F(\boldsymbol{x}_2(s),\boldsymbol{u}_2(s))\mathrm{d}s-\\&\quad\int_{t_{n+1}}^{t_n+T}F(\boldsymbol{x}_2(s),\boldsymbol{u}_2(s))\mathrm{d}s-E(\boldsymbol{x}_2(t_n+T))\end{aligned}\tag{4-13}$$

由式(4-12)可知，当 $t\in[t_{n+1},t_n+T]$时，有

$$\boldsymbol{u}_1(t)\equiv\boldsymbol{u}_2(t)\equiv\bar{\boldsymbol{u}}(t)$$

将其应用到系统，可以得到

$$\|\boldsymbol{x}(t_{n+1})-\hat{\boldsymbol{x}}(t_{n+1};t_n)\|\leqslant\beta(t_{n+1}-t_n)\tag{4-14}$$

由此关于运行代价之间的差异为

$$\begin{aligned}&\int_{t_{n+1}}^{t_{n+1}+T}F(\boldsymbol{x}_1(s),\boldsymbol{u}_1(s))\mathrm{d}s-\int_{t_{n+1}}^{t_{n+1}+T}F(\boldsymbol{x}_2(s),\boldsymbol{u}_2(s))\mathrm{d}s\\&\leqslant L_F\int_{t_{n+1}}^{t_{n+1}+T}\|\boldsymbol{x}_1(s)-\boldsymbol{x}_2(s)\|\mathrm{d}s\\&=L_F(2\sqrt{2(\bar{\mu}^2+\bar{\nu})^2}+\bar{\alpha})(t_{n+1}-t_n)(t_n+T-t_{n+1})\\&\geqslant 0\end{aligned}\tag{4-15}$$

结合假设 4.2 中的性质，当 $s\in[t_n+T,t_{n+1}+T]$时，可以得到以下关系：

$$
\begin{aligned}
& E(\boldsymbol{x}_1(t_{n+1}+T))+\int_{t_n+T}^{t_{n+1}+T} F(\boldsymbol{x}_1(s), \boldsymbol{u}_1(s))\mathrm{d}s-E(\boldsymbol{x}_2(t_n+T)) \\
& -E(\boldsymbol{x}_1(t_n+T))+E(\boldsymbol{x}_1(t_n+T)) \\
\leqslant\ & L_E(2\sqrt{2(\bar{\mu}^2+\bar{\nu})^2}+\bar{\alpha})(t_{n+1}-t_n)\geqslant 0
\end{aligned} \tag{4-16}
$$

由于函数是正定的，可以得出

$$
\int_{t_n}^{t_{n+1}} F(\boldsymbol{x}_2(s), \boldsymbol{u}_2(s))\mathrm{d}s \geqslant L_Q(t_{n+1})\geqslant 0 \tag{4-17}
$$

其中，

$$
L_Q(t)\triangleq \min\{q_1, q_2, q_3, r_1, r_2\}\cdot\int_{t_n}^{t}\|\hat{\boldsymbol{x}}(s;t_n)\|^2\mathrm{d}s,\ t>t_n
$$

所以，可以得到

$$
\begin{aligned}
& \bar{J}(t_{n+1})-J^*(t_n) \\
=\ & L_F(2\sqrt{2(\bar{\mu}^2+\bar{\nu})^2}+\bar{\alpha})(t_{n+1}-t_n)(t_n+T-t_{n+1})+ \\
& L_E(2\sqrt{2(\bar{\mu}^2+\bar{\nu})^2}+\bar{\alpha})(t_{n+1}-t_n)-L_Q(t_{n+1})
\end{aligned} \tag{4-18}
$$

所以

$$
J^*(t_{n+1})-J^*(t_n)\leqslant \bar{J}(t_{n+1})-J^*(t_n) \tag{4-19}
$$

成立。

以上证明过程说明了系统的李雅普诺夫函数 $J^*(\cdot)$是递减的，这也就证明了系统是渐进稳定的，并且系统状态会保持在一个紧集 ξ_f 中。

4.2.3 关于自触发机制的讨论

自触发机制的特点在于在 t_n 时刻，通过算法 4.1 就能计算出下一个触发时刻 t_{n+1}。当 $t\in[t_n, t_{n+1}]$时，联立式(4-15)和式(4-18)，可以得到

$$
\begin{aligned}
& J^*(t)-J^*(t_n) \\
\leqslant\ & L_F(2\sqrt{2(\bar{\mu}^2+\bar{\nu})^2}+\bar{\alpha})(t-t_n)(t_n+T-t)+ \\
& L_E(2\sqrt{2(\bar{\mu}^2+\bar{\nu})^2}+\bar{\alpha})(t-t_n)-L_Q(t)
\end{aligned} \tag{4-20}
$$

进一步地，可以得到

$$
\begin{aligned}
& L_F(2\sqrt{2(\bar{\mu}^2+\bar{\nu})^2}+\bar{\alpha})(t-t_n)(t_n+T-t)+ \\
& L_E(2\sqrt{2(\bar{\mu}^2+\bar{\nu})^2}+\bar{\alpha})(t-t_n)\leqslant \Psi L_Q(t)
\end{aligned} \tag{4-21}
$$

其中 $0<\Psi<1$。可以推导出

$$
J^*(t)-J^*(t_n)\leqslant(\Psi-1)L_Q(t) \tag{4-22}
$$

这就意味着可以找到一个合适的 Ψ 确保闭环系统的稳定性，它满足

$$
(2\sqrt{2(\bar{\mu}^2+\bar{\nu})^2}+\bar{\alpha})[L_F(t_n+T-t)+L_E](t-t_n)=\Psi L_Q(t) \tag{4-23}
$$

求解式(4-23)，能够得到下一个触发时刻 t_{n+1}，当 $s\in[t_n, t_{n+1})$时，$\boldsymbol{u}(s)=\hat{\boldsymbol{u}}^*(s; t_n)$以开环的形式应用到系统中。

4.3 仿真结果

针对所考虑的移动机器人系统，对提出的自触发 MPC 算法进行了仿真验证和比较。考虑有约束的系统，假设 4.1～4.3 成立，扰动的界限为$\|\boldsymbol{\alpha}\|\leqslant 0.5$，输入约束设为$\|\boldsymbol{u}(t)\|\leqslant 2$。移动机器人初始状态为 $\boldsymbol{x}_0=\left[-45, 15, -\dfrac{\pi}{6}\right]^{\mathrm{T}}$，状态的控制目标是 $\boldsymbol{x}_{\mathrm{d}}=[0, 0, 0]^{\mathrm{T}}$。其目标是在不显著影响控制性能的情况下，减少控制信号更新的频率和解决最优控制问题的次数。

根据算法 4.1 中的自触发 MPC 方案进行仿真。图 4-1 显示了自触发 MPC 和时间触发对应的状态 χ 的轨迹，分别用带圆实线和普通实线表示。从图中可以看出，两种控制方式下的状态轨迹几乎完全相同，在接近稳定值时，状态之间只有很小的差异。图 4-2 显示了状态轨迹 y 之间的差异，可以得出类似的结论。为了更清晰地展示对比，图 4-3 给出了在二维平面上通过不同方法得到的机器人运动轨迹。最后，图 4-4 为本章设计的自触发 MPC 方案的触发时刻。如果纵轴为 1，表示触发 MPC；如果为 0，表示 MPC 未被触发。图中没有显示时间触发框架，因为它是在每个采样瞬间周期性触发的。值得注意的是，在整个仿真时间中，自触发 MPC 在 45 次(常规的时间触发模式)中只触发了 10 次，这意味着系统的计算负载减少了 76%，但控制性能没有明显下降。

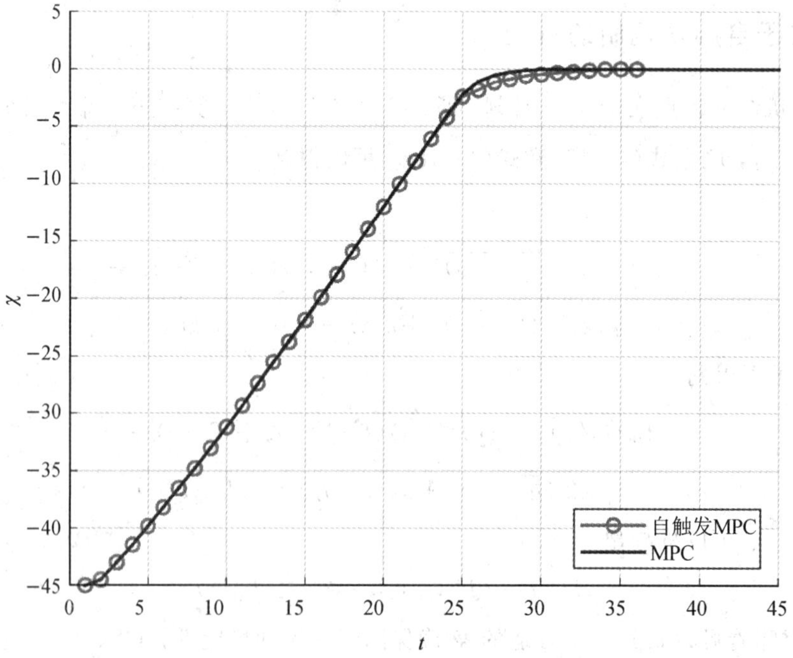

图 4-1　状态 χ 对比图

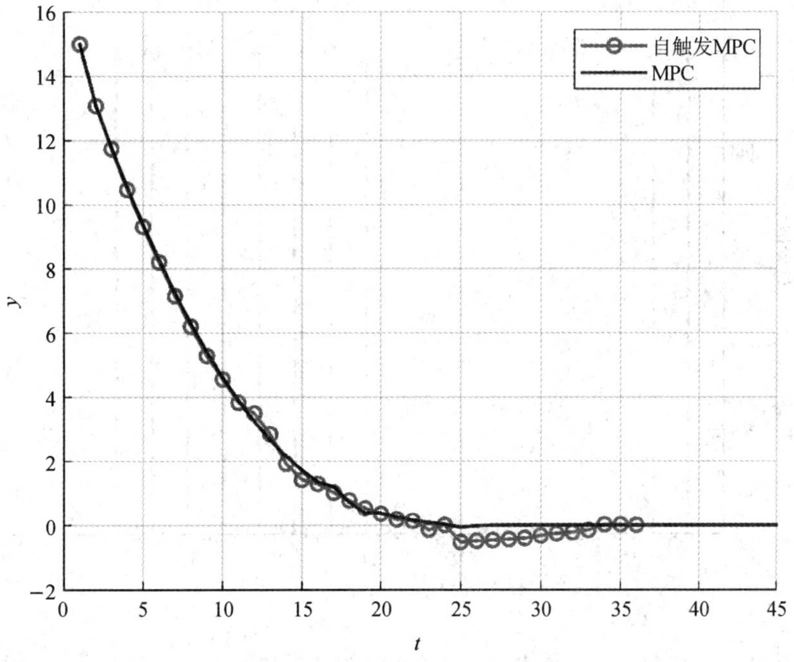

图 4-2　状态 y 对比图

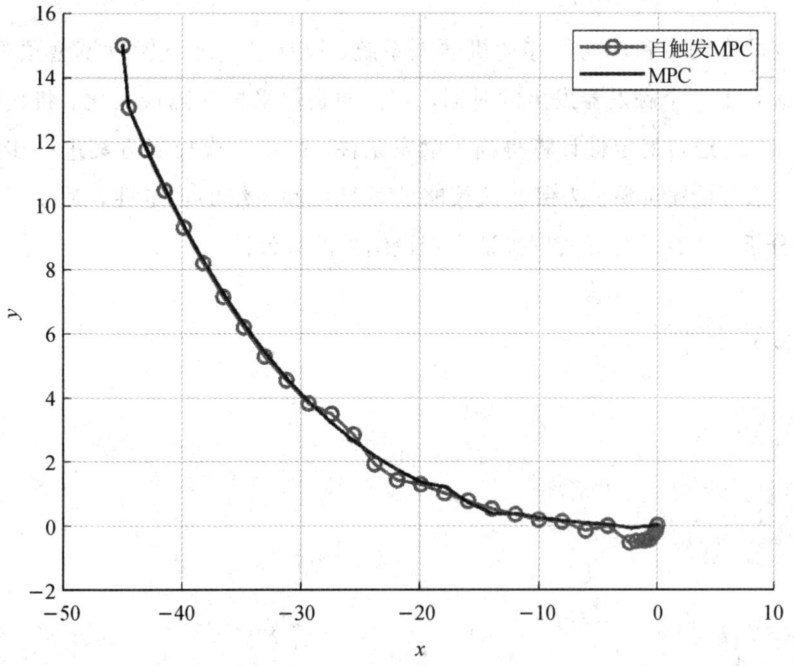

图 4-3　轨迹对比图

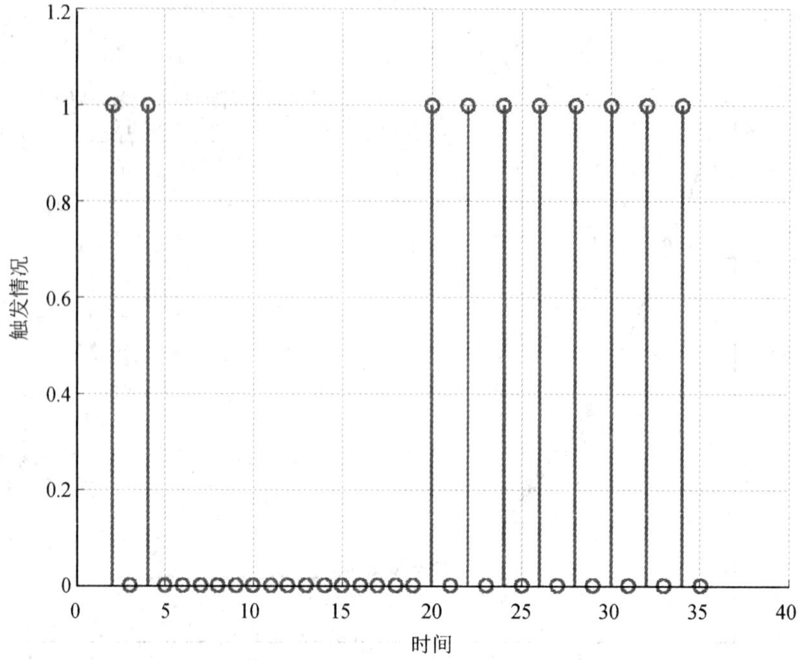

图 4-4 自触发 *MPC* 触发情况

本章小结

本章针对具有约束和扰动的移动机器人系统，设计了一种自触发模型预测控制方案。该方案用于确定下一个触发器发生的时刻，其目的是使采样间隔最大化。将代价函数作为李雅普诺夫函数，通过稳定性计算得到了触发条件。采用双模控制方案进一步降低了触发频率，节省了信号传输资源。为保证该策略的可行性和系统的稳定性，对控制性能进行了详细的理论分析，并通过仿真实例验证了理论结果的有效性。

第 5 章　带宽受限下基于事件触发机制的移动机器人鲁棒预测控制

在网络化控制系统中，移动机器人的传感器、执行器和控制器在物理上分离，其间的信号通过共享网络进行传输，因此网络资源是有限的[50-54]。在现有针对连续系统的预测控制或事件触发预测控制中，连续最优控制序列在一个触发间隔内是一个连续信号，然而在网络化控制系统中传输连续控制信号将占用无限带宽[55]，即使使用大量的控制信号样本来近似连续控制轨迹，但由于需要传输的样本数量过多，也会导致通信资源的过度使用，并且执行器频繁地工作也会导致使用寿命的降低。因此本章重点研究带宽受限情况下基于事件触发机制的预测控制算法。

5.1　问题描述

考虑网络化的移动机器人控制系统，其中传感器和执行器通过网络通道连接到事件触发模型预测控制器。被控对象的状态反馈控制系统可由连续摄动非线性输入仿射系统表示：

$$\dot{\boldsymbol{x}}(t)=\phi(\boldsymbol{x},\boldsymbol{u})+\boldsymbol{\omega}=f(\boldsymbol{x})+g(\boldsymbol{x})\boldsymbol{u}+\boldsymbol{\omega} \tag{5-1}$$

其中，$\boldsymbol{x}\in\mathbb{R}^n$ 为系统状态，$\boldsymbol{u}\in\mathbb{R}^m$ 为控制输入。假设控制输入的约束条件为 $\|\boldsymbol{u}\|\leqslant u_{\max}$。扰动为 $\boldsymbol{\omega}\in\mathcal{W}\subset\mathbb{R}^n$，$\rho\triangleq\sup_{\boldsymbol{\omega}(t)\in\mathcal{W}}\boldsymbol{\omega}(t)$，其中 $\mathcal{W}$ 是一个紧集，相应的标称系统表示为

$$\dot{\hat{\boldsymbol{x}}}=\phi(\hat{\boldsymbol{x}}(t),\hat{\boldsymbol{u}}(t)) \tag{5-2}$$

对式(5-1)在原点处进行雅克比线性化后表示为

$$\dot{\boldsymbol{x}}(t)=\boldsymbol{A}\boldsymbol{x}(t)+\boldsymbol{B}\boldsymbol{u}(t)+\boldsymbol{\omega}(t) \tag{5-3}$$

其中，$\boldsymbol{A}=\left(\dfrac{\partial f(\boldsymbol{x},\boldsymbol{u})}{\partial \boldsymbol{x}}\right)\Bigg|_{(\boldsymbol{0},\boldsymbol{0})}$，$\boldsymbol{B}=\left(\dfrac{\partial f(\boldsymbol{x},\boldsymbol{u})}{\partial \boldsymbol{u}}\right)\Bigg|_{(\boldsymbol{0},\boldsymbol{0})}$，对线性化系统式(5-3)做出如下标准假设。

假设 5.1　对于线性化系统(如式(5-3)所示)，当 $\boldsymbol{\omega}(t)=\boldsymbol{0}$ 时，存在矩阵 $\boldsymbol{K}$ 使得 $\boldsymbol{A}_K=\boldsymbol{A}+\boldsymbol{B}\boldsymbol{K}$ 是霍尔维茨矩阵。

注解 5.1　当假设 5.1 是模型预测控制的标准假设时，可以使用极点配置和线性二次型调节器(LQR)的方法来获得一个使系统稳定的局部控制矩阵 $\boldsymbol{K}$。一般情况下，因为强非

线性系统的终端区域较小，由原系统的强非线性引起的线性化模型精确性会影响系统的性能。但是，只要线性化的模型是稳定的，基于此提出的控制器也是有效的。

为便于下面分析讨论，首先给出一个重要引理[26]。

引理 5.1 系统(如式(5-1)所示)在假设 5.1 的基础上，给定矩阵 $\boldsymbol{Q}>0$，$\boldsymbol{R}>0$，存在常数 $\varepsilon>0$，及矩阵 $\boldsymbol{P}>0$，满足以下条件：

(1) 集合 $\Omega(\varepsilon)\triangleq\{\boldsymbol{x}(t)\,|\,V(\boldsymbol{x}(t))\leqslant\varepsilon^2\}$ 在控制律 $\boldsymbol{u}=\boldsymbol{K}\boldsymbol{x}$ 的作用下是一个控制不变集合；

(2) 对任意 $\boldsymbol{x}\in\Omega(\varepsilon)$，不等式 $\dot{V}(\boldsymbol{x}(t))\leqslant-\|\boldsymbol{x}(t)\|_{\boldsymbol{Q}^*}^2$ 成立，其中，$\boldsymbol{Q}^*=\boldsymbol{Q}+\boldsymbol{K}^{\mathrm{T}}\boldsymbol{R}\boldsymbol{K}$，$V(\boldsymbol{x}(t))=\|\boldsymbol{x}(t)\|_{\boldsymbol{P}}^2$。

控制目标是使系统(如式(5-1)所示)渐进稳定到原点，即当 $t\to\infty$ 时 $\boldsymbol{x}(t)\to\boldsymbol{0}$，对非线性系统(如式(5-1)所示)做出如下假设。

假设 5.2 非线性系统函数 $\phi(\boldsymbol{x},\boldsymbol{u})$：$\mathbb{R}^n\times\mathbb{R}^m\to\mathbb{R}^n$ 满足 $\phi(\boldsymbol{0},\boldsymbol{0})=\boldsymbol{0}$，该函数关于 $\boldsymbol{x}\in\mathbb{R}^n$ 是利普希茨连续的，且利普希茨常数为 L_ϕ，此外存在正常数 $L_G>0$，使得 $\|g(\boldsymbol{x})\|\leqslant L_G$。

5.2 带宽受限下移动机器人事件触发策略设计

引入事件触发机制前，定义如下代价函数。其中求解优化问题的采样时刻记为序列 $\{t_k\}_{k\in\mathbb{N}}$，在 t_k 时刻，控制器求解优化问题。代价函数定义为

$$J(\hat{\boldsymbol{x}}(s;t_k),\hat{\boldsymbol{u}}(s;t_k))\triangleq\int_{t_k}^{t_k+T}F(\hat{\boldsymbol{x}}(s),\hat{\boldsymbol{u}}(s))\mathrm{d}s+V_{\mathrm{f}}(\hat{\boldsymbol{x}}(t_k+T))\tag{5-4}$$

其中，$F(\hat{\boldsymbol{x}},\hat{\boldsymbol{u}})$和 $V_{\mathrm{f}}(\hat{\boldsymbol{x}})$分别是阶段代价函数和终端代价函数，$T$ 为预测时域，$\hat{\boldsymbol{u}}(s)$为 t_k 时刻的预测输入轨迹，$\hat{\boldsymbol{x}}(s)$为标称系统(如式(5-2)所示)对应的预测状态轨迹。优化问题如下：

$$\text{s.t.}\begin{cases}\hat{\boldsymbol{u}}^*(s;t_k)=\arg\min\limits_{\hat{\boldsymbol{u}}(s;t_k)}J(\hat{\boldsymbol{x}}(s;t_k),\hat{\boldsymbol{u}}(s;t_k))\\ \dot{\hat{\boldsymbol{x}}}(s;t_k)=\phi(\hat{\boldsymbol{x}}(s;t_k),\hat{\boldsymbol{u}}(s;t_k)),\ s\in[t_k,t_k+T]\\ \hat{\boldsymbol{u}}(s;t_k)\in\mathcal{U},\ \hat{\boldsymbol{x}}(s;t_k)\in\chi_{s-t_k},\ s\in[t_k,t_k+T]\\ \hat{\boldsymbol{x}}(t_k+T;t_k)\in\Omega(\varepsilon_{\mathrm{f}})\end{cases}\tag{5-5}$$

定义 $\Delta_n=\sum\limits_{i=1}^{n}\delta_i<T$，$1\leqslant n\leqslant N$，$\boldsymbol{x}(t_k+\Delta_n)$ 表示系统的真实轨迹，如图 5-1 所示，经采样保持后的控制输入序列为 $\{\hat{\boldsymbol{u}}^*(t_k),\hat{\boldsymbol{u}}^*(t_k+\delta_1),\cdots,\hat{\boldsymbol{u}}^*(t_k+\Delta_n)\}$，采样间隔为 δ_1，δ_2，$\cdots$，δ_n，最优控制输入轨迹为 $\hat{\boldsymbol{u}}^*(s;t_k)$，对应的最优预测状态轨迹表示为 $\hat{\boldsymbol{x}}^*(s;t_k)$，其中 $s\in[t_k,t_k+\Delta_N]$。此外，$\mathcal{U}$定义为控制输入约束集合，即

$$\mathcal{U} = \{\boldsymbol{u}(s) \in \mathbb{R}^m \mid \|\boldsymbol{u}(s)\| \leqslant u_{\max},\ \|\dot{\boldsymbol{u}}(s)\| \leqslant K_u\} \tag{5-6}$$

同时，存在 $\varepsilon_f > 0$，使得终端约束 $\Omega(\varepsilon_f)$ 满足

$$\Omega(\varepsilon_f) = \{\boldsymbol{x} \in \mathbb{R}^n \mid V_f(\boldsymbol{x}) \leqslant \varepsilon_f\} \tag{5-7}$$

这里引入一个常数 K_u 满足 $\|\dot{\boldsymbol{u}}(s)\| \leqslant K_u$，这是由于执行器受限于自身物理特性，同时为了防止过大的冲击破坏执行机构和系统稳定。另外，在本章将会利用此输入约束进行稳定性的分析。

将 $J(\boldsymbol{x}(s;t_k), \boldsymbol{u}(s;t_k))$ 的最优值表示为 $J^*(\boldsymbol{x}(t_k))$，其中 $s \in [t_k, t_k+T]$。状态紧约束定义为 $\chi_{s-t_k} \triangleq \mathcal{X} \sim \mathcal{T}_{s-t_k}$，其中，

$$\mathcal{T}_{s-t_k} \triangleq \left\{ \boldsymbol{x}(t) \in \mathbb{R}^n \mid \|\boldsymbol{x}(t)\|_{\boldsymbol{P}} \leqslant \left(\frac{\rho \bar{\lambda}(\sqrt{\boldsymbol{P}})}{L_\phi}\right)(e^{L_\phi(s-t_k)} - 1) + \left(\frac{L_G K_u \bar{\lambda}(\sqrt{\boldsymbol{P}})}{L_\phi^2}\right)(e^{L_\phi(s-t_k)} - 1) - \frac{(L_G K_u \bar{\lambda}(\sqrt{\boldsymbol{P}})(s-t_k))}{L_\phi} \right\} \tag{5-8}$$

注解 5.2　在采样时刻 t_k，经采样保持后的控制序列为 $\{\boldsymbol{u}^*(t_k), \cdots, \boldsymbol{u}^*(t_k+\Delta_n)\}$。值得注意的是，关于连续系统的周期预测控制或事件触发预测控制的早期结构中，当 $s \in [t_k, t_k+T]$ 时，当前和未来连续最优控制轨迹 $\boldsymbol{u}^*(s)$ 被认为直接适用于系统，如图 5-1 所示，其中阶梯状的轨迹表示采样保持方式的控制序列 $\{\boldsymbol{u}^*(t_k), \cdots, \boldsymbol{u}^*(t_k+\Delta_n)\}$。

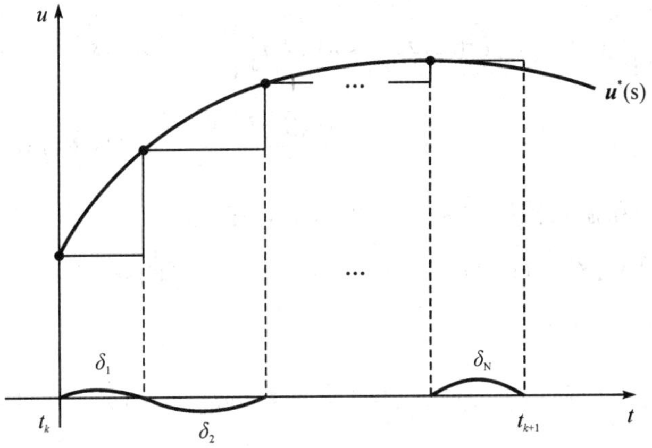

图 5-1　最优控制信号及其采样保持方法

然而，在网络化控制系统中，由于传输连续信号将占用无限带宽，导致这种控制信号不能直接适用。在某些应用场景中，为了解决上述问题，或是保持触发次数之间的控制信号不变，或是仅执行第一个控制动作，或是在下一次触发时间之前不执行任何操作。考虑到上述情况，仅对控制信号进行 $N \geqslant 1 (N \in \mathbb{N})$ 次采样，如下式

$$\left\{\boldsymbol{u}^*(t_k), \boldsymbol{u}^*(t_k+\delta_1), \cdots, \boldsymbol{u}^*\left(t_k + \sum_{i=1}^{N} \delta_i\right)\right\} \tag{5-9}$$

控制器可以将上述形式的离散控制信号在网络间传递，系统再通过采样保持的方式获得连续控制输入。

假设 5.3　存在正常数 $\varepsilon>\varepsilon_{\mathrm{f}}$ 且存在局部控制律 $\kappa(x)\in\mathcal{U}$，对 $\boldsymbol{x}\in\Omega(\varepsilon)$ 满足

$$\frac{\partial V_{\mathrm{f}}}{\partial \boldsymbol{x}}(f(\boldsymbol{x})+g(\boldsymbol{x})\kappa(\boldsymbol{x}))\leqslant -F(\boldsymbol{x},\kappa(\boldsymbol{x}))$$

引理 5.2　假设 t_k 时刻，采样保持控制器将控制信号(如式(5-9)所示)施加到系统中，将预测轨迹与真实轨迹误差上界 $\|\boldsymbol{x}^*(t_k+\Delta_n)-\boldsymbol{x}(t_k+\Delta_n)\|$ 表示为 $E_x(\delta_1,\cdots,\delta_n)$，当 $n=1$ 时，$E_x(\delta_1)=h_x(\delta_1)$，有

$$h_x(t)=\frac{\bar{\lambda}(\sqrt{\boldsymbol{P}})L_G K_u}{L_\phi^2}(\mathrm{e}^{L_\phi t}-1)-\frac{\bar{\lambda}(\sqrt{\boldsymbol{P}})L_G K_u}{L_\phi}t+\frac{\bar{\lambda}(\sqrt{\boldsymbol{P}})\rho}{L_\phi}(\mathrm{e}^{L_\phi t}-1) \tag{5-10}$$

当 $2\leqslant n\leqslant N$ 时，经上式递归可得

$$E_x(\delta_1,\cdots,\delta_n)=E_x(\delta_1,\cdots,\delta_{n-1})\mathrm{e}^{L_\phi\delta_n}+h_x(\delta_n) \tag{5-11}$$

证明　首先证明 $E_x(\delta_1)=h_x(\delta_1)$，有

$$\hat{\boldsymbol{x}}^*(t_k+\delta_1)=\boldsymbol{x}(t_k)+\int_{t_k}^{t_k+\delta_1}\phi(\hat{\boldsymbol{x}}^*(s),\boldsymbol{u}^*(s))\mathrm{d}s \tag{5-12}$$

$$\boldsymbol{x}(t_k+\delta_1)=\boldsymbol{x}(t_k)+\int_{t_k}^{t_k+\delta_1}[\phi(\boldsymbol{x}(s),\boldsymbol{u}^*(t_k))+\omega]\mathrm{d}s \tag{5-13}$$

将式(5-12)与式(5-13)做差并利用 $\phi(\boldsymbol{x},\boldsymbol{u})$ 函数的利普希茨性质，有

$$\|\hat{\boldsymbol{x}}^*(t_k+\delta_1)-\boldsymbol{x}(t_k+\delta_1)\|_{\boldsymbol{P}}\leqslant\bar{\lambda}(\sqrt{\boldsymbol{P}})\int_{t_k}^{t_k+\delta_1}L_\phi\|\hat{\boldsymbol{x}}^*(s)-\boldsymbol{x}(s)\|\mathrm{d}s+\frac{\bar{\lambda}(\sqrt{\boldsymbol{P}})L_G K_u\delta_1^2}{2}+\bar{\lambda}(\sqrt{\boldsymbol{P}})\rho\delta_1 \tag{5-14}$$

其中，根据假设 5.2 和输入控制约束 $\|\dot{\boldsymbol{u}}(s)\|\leqslant K_u$，有

$$\|g(\boldsymbol{x}(s))(\boldsymbol{u}^*(t_k)-\boldsymbol{u}^*(s))\|_{\boldsymbol{P}}\leqslant\bar{\lambda}(\sqrt{\boldsymbol{P}})L_G K_u(s-t_k) \tag{5-15}$$

并使用 Gronwall-Bellman 不等式，有

$$\|\hat{\boldsymbol{x}}^*(t_k+\delta_1)-\boldsymbol{x}(t_k+\delta_1)\|_{\boldsymbol{P}}\leqslant\frac{\bar{\lambda}(\sqrt{\boldsymbol{P}})L_G K_u}{L_\phi^2}(\mathrm{e}^{L_\phi\delta_1}-1)-\frac{\bar{\lambda}(\sqrt{\boldsymbol{P}})L_G K_u}{L_\phi}\delta_1+\frac{\bar{\lambda}(\sqrt{\boldsymbol{P}})\rho}{L_\phi}(\mathrm{e}^{L_\phi\delta_1}-1)$$

至此，$E_x(\delta_1)=h_x(\delta_1)$ 证毕。$E_x(\delta_1,\delta_2,\cdots,\delta_{n-1})$，$n\geqslant 2$，可以表示为

$$\|\boldsymbol{x}(t_k+\Delta_n)-\hat{\boldsymbol{x}}^*(t_k+\Delta_n)\|_{\boldsymbol{P}}\leqslant\|\boldsymbol{x}(t_k+\Delta_{n-1})-\hat{\boldsymbol{x}}^*(t_k+\Delta_{n-1})\|_{\boldsymbol{P}}+\int_{t_k+\Delta_{n-1}}^{t_k+\Delta_n}L_\phi\|\boldsymbol{x}(s)-\hat{\boldsymbol{x}}^*(s)\|_{\boldsymbol{P}}\mathrm{d}s+\frac{1}{2}\bar{\lambda}(\sqrt{\boldsymbol{P}})L_G K_u\delta_n^2+\bar{\lambda}(\sqrt{\boldsymbol{P}})\rho\delta_n \tag{5-16}$$

式(5-14)与式(5-16)的区别在于后者包含 $\|\boldsymbol{x}(t_k+\Delta_{n-1})-\hat{\boldsymbol{x}}^*(t_k+\Delta_{n-1})\|_{\boldsymbol{P}}$，它的上界

记为 $E_x(\delta_1, \delta_2, \cdots, \delta_{n-1})$，通过再次使用 Gronwall-Bellman 不等式，有

$$\|\boldsymbol{x}(t_k+\Delta_n)-\hat{\boldsymbol{x}}^*(t_k+\Delta_n)\|_{\boldsymbol{P}} \leqslant E_x(\delta_1, \delta_2, \cdots, \delta_{n-1})\mathrm{e}^{L_\phi\delta_n}+\frac{\bar{\lambda}(\sqrt{\boldsymbol{P}})L_GK_u}{L_\phi^2}(\mathrm{e}^{L_\phi\delta_n}-1)+ \frac{\bar{\lambda}(\sqrt{\boldsymbol{P}})\rho}{L_\phi}(\mathrm{e}^{L_\phi\delta_n}-1)-\frac{\bar{\lambda}(\sqrt{\boldsymbol{P}})L_GK_u}{L_\phi}\delta_n \tag{5-17}$$

知式(5 - 11)成立。综上，首先证明了当 $n=1$ 时，$E_x(\delta_1)=h_x(\delta_1)$，在 $n=2, 3, \cdots, N$ 时，可递归计算出 $E_x(\delta_1, \delta_2, \cdots, \delta_n)$，至此完成引理 5.2 的证明。因此，当 $\hat{\boldsymbol{x}}^*(s; t_k)\in\mathcal{X}_{s-t_k}$ 时，真实状态轨迹将满足约束 $\boldsymbol{x}(s; t_k)\in\mathcal{X}$，$s\in[t_k, t_k+\Delta_N]$。

为便于理论分析，考虑将连续控制信号进行等间距采样保持。基于此，关于状态误差 $\|\boldsymbol{x}(t_k+\Delta_n)-\hat{\boldsymbol{x}}^*(t_k+\Delta_n)\|_{\boldsymbol{P}}$ 的上界记为 $\bar{E}_x(\delta_1, \delta_2, \cdots, \delta_N)$，$N\geqslant 2$，有

$$\bar{E}_x(\delta_1, \delta_2, \cdots, \delta_N)=E_x(\delta_1)\left(\sum_{i=2}^{N}\mathrm{e}^{(i-1)L_\phi\delta_1}+1\right) \tag{5-18}$$

注解 5.3　本文所构建的优化问题与文献[56]中提出的无约束情况下的事件触发 MPC 方案不同，即在无约束情况下，对状态施加鲁棒性约束以确保鲁棒性。本文在事件触发框架中对状态施加了终端约束，稳定性分析(第 5.4.2 节)将会证明在不存在鲁棒性约束的情况下，通过对系统状态的收紧约束进行设置可以保证系统鲁棒性。因为收紧约束需要利用函数 $\phi(\boldsymbol{x}, \boldsymbol{u})$关于 $\boldsymbol{x}$ 的利普希茨性质，如果较大的利普希茨常数可能会导致集合 $\mathcal{X}_{s-t_k}$ 存在保守性，但文献[57]针对此问题提出多种有效的方法来减少这种保守性。

5.3　带宽受限下基于事件触发机制的鲁棒预测控制算法设计

在事件触发预测控制框架中，事件触发的策略决定了触发时刻序列 $\{t_k\}$，$k\in\mathbb{N}$。考虑带扰动的控制系统(如式(5 - 1)所示)，真实轨迹与最优轨迹不会完全重合。为了描述事件触发策略，将求解优化问题时刻 $\tilde{t}_{k+1}$ 定义为

$$\tilde{t}_{k+1} \triangleq \inf_{\eta_i\leqslant\tau\leqslant\xi_i}\{\tau \mid \|\hat{\boldsymbol{x}}^*(\tau, \eta_i)-\boldsymbol{x}(\tau; \eta_i)\|_{\boldsymbol{P}}=\sigma_i\} \tag{5-19}$$

其中，

$$\eta_i=\{t_k, t_k+\delta_1, t_k+\delta_1+\delta_2, \cdots, t_k+\Delta_{N-1}\}$$

相应地，

$$\xi_i=\{t_k+\delta_1, t_k+\delta_1+\delta_2, \cdots, t_k+\Delta_N\},\ i\in[1, 2, \cdots, N]$$

$$\xi_i-\eta_i=\delta_i$$

当 $i=1$ 时，触发条件可定义为

$$\sigma_1 = \frac{\bar{\lambda}(\sqrt{\boldsymbol{P}})L_G K_u}{L_\phi^2}(\mathrm{e}^{L_\phi \beta \delta_1} - 1) - \frac{\bar{\lambda}(\sqrt{\boldsymbol{P}})L_G K_u}{L_\phi}\beta\delta_1 + \frac{\bar{\lambda}(\sqrt{\boldsymbol{P}})\rho}{L_\phi}(\mathrm{e}^{L_\phi \beta \delta_1} - 1),\ \beta \in (0,\ 1) \tag{5-20}$$

当 $2 \leqslant i \leqslant N$，触发律为 $\sigma_i = E(\delta_1,\ \delta_2,\ \cdots,\ \delta_i)$。触发时刻 t_{k+1} 定义为

$$t_{k+1} = \min\{\tilde{t}_{k+1},\ t_k + T\} \tag{5-21}$$

基于上述分析，所提算法的伪代码如表 5 - 1 所示。

表 5 - 1　带宽受限下事件触发鲁棒预测控制算法伪代码

算法 5.1：带宽受限下事件触发鲁棒预测控制算法
while $\boldsymbol{x}(s;\ t_k) \notin \Omega(\varepsilon)$ **do**
求解优化问题式(5 - 5)得到最优控制序列；
通过式(5 - 9)选取 N 段控制采样间隔；
while 条件式(5 - 19)不满足 **do**
使用控制序列 $\hat{\boldsymbol{u}}^*(s;\ t_k)$；
end while
求解优化问题式(5 - 5)得到最优控制序列；
$k = k + 1$；
end while
使用局部控制律 $\boldsymbol{u} = \boldsymbol{K}\boldsymbol{x}(t)$。

5.4　可行性与稳定性分析

本节首先分析了事件触发鲁棒预测控制算法的可行性，给出了保证该算法递归可行的充分条件。其次分析了系统闭环稳定性，并给出了保证系统闭环稳定性的条件。

5.4.1　递归可行性分析

为了证明收紧约束的递归可行性，首先做出如下假设：

假设 5.4　对于 $\hat{\boldsymbol{x}}(s;\ t_k) \in \Omega(\varepsilon)$，存在局部反馈控制律 $\hat{\boldsymbol{u}}(t) = \boldsymbol{K}\hat{\boldsymbol{x}}(t)$ 使得标称系统 $\dot{\hat{\boldsymbol{x}}} = \phi(\hat{\boldsymbol{x}}(t),\ \boldsymbol{K}\hat{\boldsymbol{x}}(t))$ 满足 $\hat{\boldsymbol{x}}(s;\ t_k) \in \mathcal{X}_{s-t_k}$，$s \in [t_k + T,\ t_{k+1} + T]$。

注解 5.4　由于本节考虑的是一个受扰动的非线性系统，并且预测控制框架中使用了标称系统，因此需要对状态约束进行收紧以实现鲁棒性。这种情况下，如果标称系统的状态轨迹满足收紧约束，则真实轨迹状态将满足原始约束。假设 5.4 延长了文献[57]中

$t_{k+1}-t_k$的过程，使采样间隔进一步扩大。虽然非线性情况下终端域一般较小，但因为在局部反馈控制律的作用下，终端域通常是正定不变集，如 $\Omega(\varepsilon)\subseteq\mathcal{X}_{t_{k+1}+T-t_k}$，所以该假设通常成立。

下面通过使用归纳法证明系统递归可行性，针对初始可行性考虑如文献[26]中的假设。

假设 5.5　对于式(5-1)所示的系统，在初始时刻 t_0 对应的初始状态为 $\boldsymbol{x}_0$，式(5-5)所示的优化问题存在可行解。

接下来使用归纳原理来证明递归可行性。首先，使用 t_k 时刻的最优控制轨迹 $\hat{\boldsymbol{u}}^*(s;t_k)$ 建立 t_{k+1}时刻的可行参考控制轨迹 $\tilde{\boldsymbol{u}}(s;t_{k+1})$，即

$$\tilde{\boldsymbol{u}}(s;t_{k+1})=\begin{cases}\hat{\boldsymbol{u}}^*(s;t_k),\ s\in[\eta_{i+1},\xi_{i+1}]\\ \boldsymbol{K}\hat{\boldsymbol{x}}^*(s;t_k),\ s\in[t_k+T,t_{k+1}+T]\end{cases}$$

其中 $\boldsymbol{K}$ 是状态反馈控制律。

可行控制输入轨迹 $\tilde{\boldsymbol{u}}(s;t_{k+1})$与理想控制输入轨迹 $\hat{\boldsymbol{u}}^*(s;t_k)$的关系如上式所示。其中 $\hat{\boldsymbol{x}}^*(s;t_k)$表示标称系统(如式(5-2)所示)在局部控制律 $\boldsymbol{u}(s)=\boldsymbol{K}\hat{\boldsymbol{x}}^*(s;t_k)$作用下的状态轨迹，$s\in[t_k+T,t_{k+1}+T]$；$\tilde{\boldsymbol{x}}(s;t_{k+1})$表示标称系统在可行控制输入 $\tilde{\boldsymbol{u}}(s;t_{k+1})$作用下的状态轨迹且 $\tilde{\boldsymbol{x}}(t_{k+1};t_{k+1})=\boldsymbol{x}(t_{k+1})$，$s\in[t_{k+1},t_k+\Delta_N]$。递归可行性通过如下定理证明。

定理 5.1　对于具有假设 5.1～5.5 的系统(如式(5-1)所示)，若扰动满足

$$\rho\leqslant\min\{\Gamma_1,\Gamma_2\}$$

其中，

$$\Gamma_1=\frac{\dfrac{L_GK_u}{L_\phi}[\mathrm{e}^{(n+1)L_\phi\delta_1}-2\mathrm{e}^{nL_\phi\delta_1}+1-(\mathrm{e}^{L_\phi\beta\delta_1}-1)\Phi]+L_GK_u[(n-\beta)\delta_1+\beta\delta_1\Phi]}{(\mathrm{e}^{L_\phi\beta\delta_1}-1)\Phi+\mathrm{e}^{nL_\phi\delta_1}(1-\mathrm{e}^{L_\phi\delta_1})}$$

$$\Gamma_2=\frac{L_GK_u(\beta\delta_1\Phi+n\delta_1)-\dfrac{L_\phi}{\bar{\lambda}(\sqrt{\boldsymbol{P}})}\varepsilon(\alpha-1)-\dfrac{L_GK_u}{L_\phi}[(\mathrm{e}^{L_\phi\beta\delta_1}-1)\Phi+\mathrm{e}^{L_\phi\delta_1}-1]}{(\mathrm{e}^{L_\phi\beta\delta_1}-1)\Phi}$$

其中 $\Phi=\mathrm{e}^{nL_\phi\delta_1}\left(\sum_{i=2}^{n}\mathrm{e}^{(i-1)L_\phi\delta_1}+1\right)$，$\alpha=\mathrm{e}^{-\frac{\underline{\lambda}(\boldsymbol{Q}^*)}{2\bar{\lambda}(\boldsymbol{P})}\beta\delta_1}$，则算法 5.1 满足递归可行性。

证明　为证明该定理，只需证明在 t_{k+1}时刻，$\tilde{\boldsymbol{u}}(s;t_{k+1})$，$s\in[t_{k+1},t_{k+1}+T]$能够作为式(5-5)所示的优化问题的可行控制轨迹，即其可以同时满足输入约束、收紧状态约束以及终端约束。

对于 $\tilde{\boldsymbol{u}}(s;t_{k+1})\in\mathcal{U}$，可从 $\hat{\boldsymbol{u}}^*(s;t_k)$，$s\in[t_{k+1},t_{k+1}+T]$和 $\boldsymbol{u}(s)=\boldsymbol{K}\hat{\boldsymbol{x}}^*(s;t_k)$，$s\in[t_k+T,t_{k+1}+T]$的可行性分析得到，其中反馈增益 $\boldsymbol{K}$ 由引理 5.1 可知。

对于 $\tilde{\boldsymbol{x}}(s;\ t_{k+1})\in\mathcal{X}_{s-t_{k+1}}$，因为在 t_k 时刻，式(5-5)所示的优化问题是可行的，$\hat{\boldsymbol{x}}^*(s;\ t_k)\in\mathcal{X}_{s-t_k}$，$s\in[t_{k+1},\ t_{k+1}+T]$。此外，根据函数 $\phi(\boldsymbol{x},\ \boldsymbol{u})$关于 $\boldsymbol{x}$ 的利普希茨性质，对其使用三角不等式可知

$$\|\tilde{\boldsymbol{x}}(s,\ t_{k+1})-\hat{\boldsymbol{x}}^*(s;\ t_k)\|_{\boldsymbol{P}}\leqslant\sigma+L_\phi\int_{t_{k+1}}^{s}\|\tilde{\boldsymbol{x}}(\tau;\ t_{k+1})-\hat{\boldsymbol{x}}^*(\tau;\ t_k)\|_{\boldsymbol{P}}\mathrm{d}\tau+\frac{\bar{\lambda}(\sqrt{\boldsymbol{P}})L_GK_u}{2}(s-t_{k+1})^2,\ s\in[t_{k+1},\ t_{k+1}+\delta_1]$$

根据 Gronwall-Bellman 不等式，得

$$\|\tilde{\boldsymbol{x}}(s;\ t_{k+1})-\hat{\boldsymbol{x}}^*(s;\ t_k)\|_{\boldsymbol{P}}\leqslant\sigma\mathrm{e}^{L_\phi(s-t_{k+1})}+\frac{\bar{\lambda}(\sqrt{\boldsymbol{P}})L_GK_u}{L_\phi^2}(\mathrm{e}^{L_\phi(s-t_{k+1})}-1)-\frac{\bar{\lambda}(\sqrt{\boldsymbol{P}})L_GK_u}{L_\phi}(s-t_{k+1})\tag{5-22}$$

同时，考虑$\mathcal{T}_{s-t_k}$、$\mathcal{T}_{s-t_{k+1}}$以及

$$\frac{\bar{\lambda}(\sqrt{\boldsymbol{P}})L_GK_u(\mathrm{e}^{L_\phi(s-t_k)}-1)}{L_\phi^2}-\frac{\bar{\lambda}(\sqrt{\boldsymbol{P}})L_GK_u(s-t_k)}{L_\phi}+\frac{\bar{\lambda}(\sqrt{\boldsymbol{P}})\rho(\mathrm{e}^{L_\phi(s-t_k)}-1)}{L_\phi}-\frac{\bar{\lambda}(\sqrt{\boldsymbol{P}})L_GK_u(\mathrm{e}^{L_\phi(s-t_{k+1})}-1)}{L_\phi^2}+\frac{\bar{\lambda}(\sqrt{\boldsymbol{P}})L_GK_u(s-t_{k+1})}{L_\phi}-\frac{\bar{\lambda}(\sqrt{\boldsymbol{P}})\rho(\mathrm{e}^{L_\phi(s-t_{k+1})}-1)}{L_\phi}$$

扰动上界

$$\rho\leqslant\frac{\frac{L_GK_u}{L_\phi}[\mathrm{e}^{(n+1)L_\phi\delta_1}-2\mathrm{e}^{nL_\phi\delta_1}+1-(\mathrm{e}^{L_\phi\beta\delta_1}-1)\Phi]+L_GK_u[(n-\beta)\delta_1+\beta\delta_1\Phi]}{(\mathrm{e}^{L_\phi\beta\delta_1}-1)\Phi+\mathrm{e}^{nL_\phi\delta_1}(1-\mathrm{e}^{L_\phi\delta_1})}$$

时，$\tilde{\boldsymbol{x}}(s;\ t_{k+1})\in\mathcal{X}_{s-t_{k+1}}$，$s\in[t_k,\ t_{k+1}+T]$成立。

对于 $\tilde{\boldsymbol{x}}(t_{k+1}+T;\ t_{k+1})\in\Omega(\varepsilon)$，首先考虑在局部控制律 $\boldsymbol{u}(s)=\boldsymbol{K}\hat{\boldsymbol{x}}^*(s;\ t_k)$的作用下，在$[t_k+T,\ t_{k+1}+T]$中的状态轨迹 $\hat{\boldsymbol{x}}^*(s;\ t_k)$，需要指出的是，由于在 t_k 时刻优化问题是可行的，所以有 $\hat{\boldsymbol{x}}^*(t_k+T,\ t_k)\in\Omega(\varepsilon)$。

根据引理 5.1，得

$$\dot{V}(\hat{\boldsymbol{x}}^*(s;\ t_k))\leqslant-\|\hat{\boldsymbol{x}}^*(s;\ t_k)\|_{\boldsymbol{Q}^*}^2\leqslant-\frac{\underline{\lambda}(\boldsymbol{Q}^*)}{\bar{\lambda}(\boldsymbol{P})}V(\hat{\boldsymbol{x}}^*(s;\ t_k))\tag{5-23}$$

在区间 $s\in[t_k+T,\ t_{k+1}+T]$中，使用比较原理(Comparison principle)，得：

$$V(\hat{\boldsymbol{x}}^*(s;\ t_k))\leqslant\varepsilon^2\mathrm{e}^{-\frac{\underline{\lambda}(\boldsymbol{Q}^*)}{\bar{\lambda}(\boldsymbol{P})}(s-t_k-T)}\tag{5-24}$$

因此，$V(\hat{\boldsymbol{x}}^*(t_{k+1}+T;\ t_{k+1}))\leqslant \varepsilon^2 \mathrm{e}^{-\frac{\underline{\lambda}(\boldsymbol{Q}^*)}{\bar{\lambda}(\boldsymbol{P})}(t_{k+1}-t_k)}$。由于 $\inf\limits_{k\in\mathbb{N}}\{t_{k+1}-t_k\}\geqslant\beta\delta_1$，得 $V(\hat{\boldsymbol{x}}^*(t_{k+1}+T;\ t_{k+1}))\leqslant\varepsilon^2\mathrm{e}^{-\frac{\underline{\lambda}(\boldsymbol{Q}^*)}{\bar{\lambda}(\boldsymbol{P})}\beta\delta_1}$。至此，已经证明 $\hat{\boldsymbol{x}}^*(s;\ t_k)$可以通过局部控制律进入 $\Omega(\alpha\varepsilon)$，其中 $\alpha=\mathrm{e}^{-\frac{\underline{\lambda}(\boldsymbol{Q}^*)}{2\bar{\lambda}(\boldsymbol{P})}\beta\delta_1}$。值得注意的是，$\Omega(\alpha\varepsilon)$的范围要小于 $\Omega(\varepsilon)$，因此系统存在一定的稳定裕度。由于扰动的存在以及对最优控制信号进行采样保持，可行状态轨迹 $\tilde{\boldsymbol{x}}(s;\ t_{k+1})$不等于最优理想轨迹 $\hat{\boldsymbol{x}}^*(s;\ t_k)$，$s\in[t_{k+1},\ t_{k+1}+T]$，有

$$\|\tilde{\boldsymbol{x}}(t_{k+1}+T;\ t_{k+1})-\hat{\boldsymbol{x}}^*(t_{k+1}+T;\ t_{k+1})\|_{\boldsymbol{P}}\leqslant\sigma\mathrm{e}^{L_\phi\Delta_N}+\frac{\bar{\lambda}(\sqrt{\boldsymbol{P}})L_GK_u}{L_\phi^2}(\mathrm{e}^{L_\phi\Delta_N}-1)-\frac{\bar{\lambda}(\sqrt{\boldsymbol{P}})L_GK_u}{L_\phi}\Delta_N \tag{5-25}$$

当扰动上界

$$\rho\leqslant\frac{L_GK_u(\beta\delta_1\Phi+n\delta_1)-\frac{L_GK_u}{L_\phi}((\mathrm{e}^{L_\phi(\beta\delta_1)}-1)\Phi\mathrm{e}^{nL_\phi\delta_1}-1)-\frac{L_\phi}{\bar{\lambda}(\sqrt{\boldsymbol{P}})}\varepsilon(\mathrm{e}^{-\frac{\underline{\lambda}(\boldsymbol{Q}^*)}{2\bar{\lambda}(\boldsymbol{P})}\beta\delta_1}-1)}{(\mathrm{e}^{L_\phi(\beta\delta_1)}-1)\Phi}$$

时，有$\|\tilde{\boldsymbol{x}}(t_{k+1}+T;\ t_{k+1})\|_{\boldsymbol{P}}\leqslant\varepsilon$，即

$$\|\tilde{\boldsymbol{x}}(t_{k+1}+T;\ t_{k+1})\|_{\boldsymbol{P}}\in\Omega(\varepsilon)$$

至此，算法 5.1 的迭代可行性证毕。

5.4.2　稳定性分析

本节建立关于式(5-1)所示系统的稳定性条件，具体来说，通过两部分来证明其稳定性。首先，当系统状态位于终端域之外时，在满足一定条件的情况下，最优代价函数可被视为李雅普诺夫函数，证明其单调递减就可保证稳定性。其次，当系统状态在终端域内时，由引理 5.1 中的局部李雅普诺夫函数，证明闭环系统稳定。

定理 5.2　对于在算法 5.1 下满足假设 5.1～5.3 及假设 5.5 的系统(如式(5-1)所示)，如果在满足定理 5.1 的同时，满足

$$\begin{aligned}&\frac{2\bar{\lambda}(\boldsymbol{Q})}{\underline{\lambda}(\boldsymbol{P})L_\phi^3}\bar{\lambda}(\sqrt{\boldsymbol{P}})L_GK_u[hT^2-L_\phi(T^2\varepsilon+hT^3)]\left[\mathrm{e}^{L_\phi T}\left(\varepsilon-\frac{h}{L_\phi}\right)-hT\right]+\bar{\lambda}(\boldsymbol{R})u_{\max}\sum_{i=1}^{N}\delta_i^2+\\&2\varepsilon\left[\sigma\mathrm{e}^{L_\phi T}+\frac{\bar{\lambda}(\sqrt{\boldsymbol{P}})L_GK_u}{L_\phi^2}(\mathrm{e}^{L_\phi T}-1)-\frac{\bar{\lambda}(\sqrt{\boldsymbol{P}})L_GK_u}{L_\phi}T\right]\\&\leqslant-\frac{\bar{\lambda}(\boldsymbol{Q})}{\underline{\lambda}(\boldsymbol{P})}\beta\delta_1(\varepsilon-\sigma_0)^2\end{aligned}$$

其中 $h \triangleq \sup_{x\in\mathcal{X},\ u\in U} \|\phi(\boldsymbol{x}(s),\ \boldsymbol{u}(s))\|_{\boldsymbol{P}}$，那么系统状态将会在有限时间内进入终端域 $\Omega(\varepsilon)$。随后，当扰动上界满足 $\rho \leqslant \dfrac{\underline{\lambda}(\boldsymbol{Q}^*)\varepsilon}{(2\bar{\lambda}(\boldsymbol{P})\bar{\lambda}(\sqrt{\boldsymbol{P}})}$时，系统状态将会在终端域内保持稳定。

证明　首先，证明当 $\boldsymbol{x}(t_0)\notin\Omega(\varepsilon)$时，状态将在有限时间内收敛到终端域 $\Omega(\varepsilon)$。其次，证明 $\Omega(\varepsilon)$是一个正定鲁棒不变集，当 $\boldsymbol{x}(t_0)\in\Omega(\varepsilon)$时，状态将保持在终端域内。

考虑 $\boldsymbol{x}(t_0)\notin\Omega(\varepsilon)$时使用 MPC，根据文献[26]引理 3，有

$$J(\hat{\boldsymbol{x}}^*(t_{k+1};\ t_k),\ \tilde{\boldsymbol{u}}(s;\ t_{k+1}))-J^*(\boldsymbol{x}(t_k))\leqslant-\int_{t_k}^{t_{k+1}}(\|\hat{\boldsymbol{x}}(s;\ t_k)\|_{\boldsymbol{Q}}^2+\|\hat{\boldsymbol{u}}(s;\ t_k)\|_{\boldsymbol{R}}^2)\mathrm{d}s$$

在上式两边同时加 $J^*(\boldsymbol{x}(t_{k+1}))$并减 $J(\hat{\boldsymbol{x}}^*(t_{k+1};\ t_k),\ \tilde{\boldsymbol{u}}(s;\ t_{k+1}))$，同时考虑次优解 $\tilde{\boldsymbol{u}}(s;\ t_{k+1})$，得

$$J^*(\boldsymbol{x}(t_{k+1}))-J^*(\boldsymbol{x}(t_k))\leqslant\sum_{i=1}^{4}\Delta_i \tag{5-26}$$

其中，

$$\Delta_1\triangleq\int_{t_{k+1}}^{t_{k+1}+T}(\|\tilde{\boldsymbol{x}}(s;\ t_{k+1})\|_{\boldsymbol{Q}}^2-\|\hat{\boldsymbol{x}}^*(s;\ t_k)\|_{\boldsymbol{Q}}^2)\mathrm{d}s$$

$$\Delta_2\triangleq\int_{t_{k+1}}^{t_{k+1}+T}(\|\tilde{\boldsymbol{u}}(s;\ t_{k+1})\|_{\boldsymbol{R}}^2-\|\hat{\boldsymbol{u}}^*(s;\ t_k)\|_{\boldsymbol{R}}^2)\mathrm{d}s$$

$$\Delta_3\triangleq\|\tilde{\boldsymbol{x}}(t_{k+1}+T;\ t_{k+1})\|_{\boldsymbol{P}}^2-\|\hat{\boldsymbol{x}}^*(t_{k+1}+T;\ t_k)\|_{\boldsymbol{P}}^2$$

$$\Delta_4\triangleq-\int_{t_k}^{t_{k+1}}(\|\hat{\boldsymbol{x}}^*(s;\ t_k)\|_{\boldsymbol{Q}}^2+\|\hat{\boldsymbol{u}}^*(s;\ t_k)\|_{\boldsymbol{R}}^2)\mathrm{d}s$$

接下来，分别对 Δ_1、Δ_2、Δ_3 和 Δ_4 进行讨论。根据优化问题的定义并使用三角不等式，得

$$\begin{aligned}\Delta_1&\triangleq\int_{t_{k+1}}^{t_{k+1}+T}(\|\tilde{\boldsymbol{x}}(s;\ t_{k+1})\|_{\boldsymbol{Q}}^2-\|\hat{\boldsymbol{x}}^*(s;\ t_k)\|_{\boldsymbol{Q}}^2)\mathrm{d}s\\&\leqslant\frac{\bar{\lambda}(\boldsymbol{Q})}{\underline{\lambda}(\boldsymbol{P})}\int_{t_{k+1}}^{t_{k+1}+T}\|\tilde{\boldsymbol{x}}(s;\ t_{k+1})-\hat{\boldsymbol{x}}^*(s;\ t_k)\|_{\boldsymbol{P}}(\|\hat{\boldsymbol{x}}^*(s;\ t_k)\|_{\boldsymbol{P}}+\|\tilde{\boldsymbol{x}}(s;\ t_{k+1})\|_{\boldsymbol{P}})\mathrm{d}s\end{aligned} \tag{5-27}$$

为了对 $\|\hat{\boldsymbol{x}}^*(s;\ t_k)\|_{\boldsymbol{P}}+\|\tilde{\boldsymbol{x}}(s;\ t_{k+1})\|_{\boldsymbol{P}}$ 进行量化分析，考虑在 $\hat{\boldsymbol{x}}^*(s;\ t_k)-\hat{\boldsymbol{x}}^*(t_k+T;\ t_k)=-\int_{s}^{t_k+T}\phi(\hat{\boldsymbol{x}}^*(s;\ t_k),\ \hat{\boldsymbol{u}}^*(s;\ t_k))\mathrm{d}s$ 中，使用三角不等式，得

$$\|\hat{\boldsymbol{x}}^*(s;\ t_k)\|_{\boldsymbol{P}}\leqslant\|\hat{\boldsymbol{x}}^*(t_k+T;\ t_k)\|_{\boldsymbol{P}}+h(t_k+T-s) \tag{5-28}$$

其中，

$$h\triangleq\sup_{\boldsymbol{x}(s)\in\mathcal{X},\ \boldsymbol{u}(s)\in U}\|\phi(\boldsymbol{x}(s),\ \boldsymbol{u}(s))\|_{\boldsymbol{P}}$$

相应的，有

$$\|\tilde{\boldsymbol{x}}(s;\ t_{k+1})\|_{\boldsymbol{P}}\leqslant\|\tilde{\boldsymbol{x}}(t_{k+1}+T;\ t_{k+1})\|_{\boldsymbol{P}}+h(t_{k+1}+T-s)$$

由于

$$\|\tilde{\boldsymbol{x}}(s;\ t_{k+1})-\hat{\boldsymbol{x}}^*(s;\ t_k)\|_{\boldsymbol{P}}\leqslant\sigma\mathrm{e}^{L_\phi(s-t_{k+1})}+\frac{\bar{\lambda}(\sqrt{\boldsymbol{P}})L_GK_u}{L_\phi^2}(\mathrm{e}^{L_\phi(s-t_{k+1})}-1)-\frac{\bar{\lambda}(\sqrt{\boldsymbol{P}})L_GK_u}{L_\phi}(s-t_{k+1})$$

并令

$$\mu=\frac{2h\sigma_N}{L_\phi}+\frac{2\varepsilon\bar{\lambda}(\sqrt{\boldsymbol{P}})L_GK_u}{L_\phi^2}+\frac{2h\bar{\lambda}(\sqrt{\boldsymbol{P}})L_GK_u}{L_\phi^3}$$

可得

$$\begin{aligned}\Delta_1&\leqslant\frac{\bar{\lambda}(\boldsymbol{Q})}{\underline{\lambda}(\boldsymbol{P})}\int_{t_{k+1}}^{t_{k+1}+T}\Big(\frac{\underline{\lambda}(\sqrt{\boldsymbol{P}})L_GK_u}{L_\phi^2}(\mathrm{e}^{L_\phi(s-t_{k+1})}-1)+\sigma_N\mathrm{e}^{L_\phi(s-t_{k+1})}-\\&\qquad\frac{\bar{\lambda}(\sqrt{\boldsymbol{P}})L_GK_u}{L_\phi}(s-t_{k+1})+(2\varepsilon+2h(t_{k+1}+T-s))\Big)\mathrm{d}s\\&\leqslant\frac{\bar{\lambda}(\boldsymbol{Q})}{\underline{\lambda}(\boldsymbol{P})}\int_0^{T}\Big(\sigma_N\mathrm{e}^{L_\phi s}+\frac{\bar{\lambda}(\sqrt{\boldsymbol{P}})L_GK_u}{L_\phi^2}(\mathrm{e}^{L_\phi s}-1)-\\&\qquad\frac{\bar{\lambda}(\sqrt{\boldsymbol{P}})L_GK_u}{L_\phi}s\Big)(2\varepsilon+hT-hs)\mathrm{d}s\\&=\frac{\bar{\lambda}(\boldsymbol{Q})}{\underline{\lambda}(\boldsymbol{P})}\Big[(\mathrm{e}^{L_\phi T}-1)\Big(\frac{2\varepsilon\sigma_N}{L_\phi}+\frac{\mu}{L_\phi}\Big)-\frac{\underline{\lambda}(\sqrt{\boldsymbol{P}})L_GK_u}{L_\phi}\cdot\\&\qquad\Big(\Big(\frac{h}{L_\phi}+\varepsilon\Big)T^2-\frac{h}{3}T^3\Big)-\mu T\Big]\end{aligned}\tag{5-29}$$

使用式(5-14)，可得

$$\begin{aligned}\Delta_2&\triangleq\int_{t_{k+1}}^{t_{k+1}+T}(\|\tilde{\boldsymbol{u}}(s;\ t_{k+1})\|_{\boldsymbol{R}}^2-\|\hat{\boldsymbol{u}}^*(s;\ t_k)\|_{\boldsymbol{R}}^2)\mathrm{d}s\\&\leqslant\bar{\lambda}(\boldsymbol{R})\int_{t_{k+1}}^{t_{k+1}+T}\|\tilde{\boldsymbol{u}}(s;\ t_{k+1})-\hat{\boldsymbol{u}}^*(s;\ t_k)\|(\|\tilde{\boldsymbol{u}}(s;\ t_{k+1})\|+\|\hat{\boldsymbol{u}}^*(s;\ t_k)\|)\mathrm{d}s\\&\leqslant 2N\bar{\lambda}(\boldsymbol{R})K_uu_{\max}\delta_1\end{aligned}\tag{5-30}$$

由于

$$\|\tilde{\boldsymbol{x}}(t_{k+1}+T;\ t_{k+1})-\hat{\boldsymbol{x}}^*(t_{k+1}+T;\ t_k)\|_{\boldsymbol{P}}\leqslant\sigma_N\mathrm{e}^{L_\phi T}-\frac{\bar{\lambda}(\sqrt{\boldsymbol{P}})L_GK_u}{L_\phi}T+\frac{\bar{\lambda}(\sqrt{\boldsymbol{P}})L_GK_u}{L_\phi^2}(\mathrm{e}^{L_\phi T}-1)$$

以及

$$\|\tilde{\boldsymbol{x}}(t_{k+1}+T;\ t_{k+1})\|_{\boldsymbol{P}}+\|\hat{\boldsymbol{x}}^*(t_{k+1}+T;\ t_k)\|_{\boldsymbol{P}}\leqslant 2\varepsilon$$

可得

$$\Delta_3\leqslant 2\varepsilon\Big(\sigma_N\mathrm{e}^{L_\phi T}+\frac{\bar{\lambda}(\sqrt{\boldsymbol{P}})L_GK_u}{L_\phi^2}(\mathrm{e}^{L_\phi T}-1)-\frac{\bar{\lambda}(\sqrt{\boldsymbol{P}})L_GK_u}{L_\phi}T\Big)\tag{5-31}$$

接下来，推导 Δ_4 的上界。由 $\boldsymbol{x}(t)\notin\Omega(\varepsilon)$ 和触发条件式(5-19)，得

$$\Delta_4\leqslant-\frac{\underline{\lambda}(\boldsymbol{Q})}{\bar{\lambda}(\boldsymbol{P})}\int_{t_k}^{t_{k+1}}\|\hat{\boldsymbol{x}}^*(s;\ t_k)\|_{\boldsymbol{P}}^2\mathrm{d}s\leqslant-\frac{\underline{\lambda}(\boldsymbol{Q})}{\bar{\lambda}(\boldsymbol{P})}\beta\delta_1(\varepsilon-\sigma_N)^2\tag{5-32}$$

至此，得证 $J^*(\boldsymbol{x}(t_{k+1}))-J^*(\boldsymbol{x}(t_k))\leqslant\sum_{i=1}^{4}\Delta_i<0$，可证明状态将在有限时间内收敛到终端域。

第二步，证明 $\forall t>t_0$ 时，由 $\boldsymbol{x}(t_0)\in\Omega(\varepsilon)$ 能够推导出 $\boldsymbol{x}(t)\in\Omega(\varepsilon)$。

利用反证法证明。首先，假设 $\boldsymbol{x}(t_0)\in\Omega(\varepsilon)$ 不能推导出 $\boldsymbol{x}(t)\in\Omega(\varepsilon)$，$\forall t>t_0$，可知，存在 $t>t_0$，$\bar{\varepsilon}>0$，对 $\boldsymbol{x}(t)\in\Omega(\varepsilon)$ 有

$$V(\boldsymbol{x}(t))\geqslant\varepsilon^2+\bar{\varepsilon}$$

当 $t'=\inf\{t\leqslant 0\mid V(\boldsymbol{x}(t))\geqslant\varepsilon^2+\bar{\varepsilon}\}$ 时，有

$$\boldsymbol{x}(t')\notin\Omega(\varepsilon)$$

通过考虑闭环系统 $\dot{\boldsymbol{x}}(t)=\phi(\boldsymbol{x}(t),\boldsymbol{K}\boldsymbol{x}(t))$ 的李雅普诺夫函数 $V(\boldsymbol{x}(t))$，得

$$\begin{aligned}\dot{V}(\boldsymbol{x}(t))&=-\|\boldsymbol{x}(t)\|_{\boldsymbol{Q}^*}^2+2\boldsymbol{x}^{\mathrm{T}}(t)\boldsymbol{P}\boldsymbol{\omega}(t)\\&\leqslant-\frac{\underline{\lambda}(\boldsymbol{Q}^*)}{\bar{\lambda}(\boldsymbol{P})}\|\boldsymbol{x}(t)\|_{\boldsymbol{P}}^2+2\|\sqrt{\boldsymbol{P}}\boldsymbol{x}(t)\|\|\sqrt{\boldsymbol{P}}\|\|\boldsymbol{\omega}(t)\|\end{aligned}\tag{5-33}$$

因为 $\boldsymbol{x}(t')\notin\Omega(\varepsilon)$ 且 $\rho\leqslant\dfrac{\bar{\lambda}(\boldsymbol{Q}^*)\varepsilon}{2\bar{\lambda}(\boldsymbol{P})\bar{\lambda}(\sqrt{\boldsymbol{P}})}$，有

$$\dot{V}(\boldsymbol{x}(t'))\leqslant-\left[\frac{\underline{\lambda}(\boldsymbol{Q}^*)}{\bar{\lambda}(\boldsymbol{P})}\right][\sqrt{\varepsilon^2+\bar{\varepsilon}}(\sqrt{\varepsilon^2+\bar{\varepsilon}}-\varepsilon)]<0$$

可知，存在 $t''\in(t_0,t')$ 使 $V(\boldsymbol{x}(t''))>V(\boldsymbol{x}(t'))\geqslant\varepsilon^2+\bar{\varepsilon}$，与 t' 定义矛盾。因此，在 $\boldsymbol{u}(t)=\boldsymbol{K}\boldsymbol{x}(t)$ 作用下，集合 $\Omega(\varepsilon)$ 是一个正定鲁棒不变集。

综上所述，定理 5.3 得到证明。

5.5 仿真验证

本节对非完整移动机器人位姿进行控制仿真验证，对图 5-2 所示的系统建立如下模型

$$\frac{\mathrm{d}}{\mathrm{d}t}\begin{bmatrix}x\\y\\\theta\end{bmatrix}=\begin{bmatrix}\cos\theta&0\\\sin\theta&0\\0&1\end{bmatrix}\begin{bmatrix}v\\\omega\end{bmatrix}\tag{5-34}$$

系统状态表示为 $[x\quad y\quad\theta]$，包含移动机器人的位置 $[x\quad y]$ 与转角 θ，输入控制 $\boldsymbol{u}=[v\quad\omega]^{\mathrm{T}}$ 及输入约束为 $-2\leqslant u\leqslant 2$，状态约束为 $-2\leqslant x_i(t)\leqslant 2$，$i=1, 2, 3$。已知李普希茨常数 L_ϕ 及正常数 L_G 分别取 $L_\phi=\sqrt{2}\,\bar{v}$，$L_G=1.0$。阶段权重矩阵设置为 $\boldsymbol{Q}=0.1\boldsymbol{I}_3$，输入权重矩阵设置为 $\boldsymbol{R}=0.05\boldsymbol{I}_2$，终端惩罚矩阵 $\boldsymbol{P}=[2.5738, 1.0345, 0; 1.0345, 0.2813, 0; 0, 0, 0.2813]$，选取预测时域 $T=8$。由于线性系统在初始原点不可控，采用文献[58]中的方法获得局部控制器满足假设 5.3，终端域设置为 $\varepsilon=0.8$。当 $K_u=6.1513$ 时，设置 $\varepsilon=0.4$ 是可行的。设置 $\|f(\boldsymbol{x},\boldsymbol{u})\|$ 的上界表示为 h，令 $h=2$，系统的初始状态设置为 $\boldsymbol{x}_0=[-1.2, -1.2, \pi/2]^{\mathrm{T}}$，目标点设置为坐标原点。

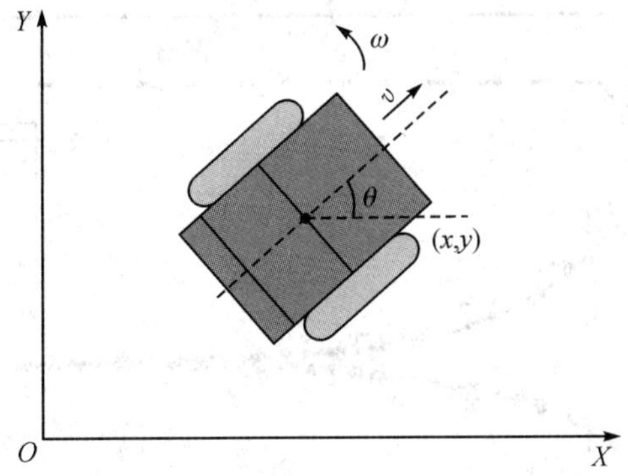

图 5-2　非完整移动机器人运动学模型

根据定理 5.1，扰动上界应满足 $\rho \leqslant 0.0427$ 以保证可行性，同时考虑定理 5.2 扰动应满足 $\rho \leqslant 0.4593$ 以保证稳定性，为同时满足上述定理，选取 $\rho = 0.040$，触发条件为满足条件式(5-19)，设置为 $\sigma = 0.0693$，$N = 2$。

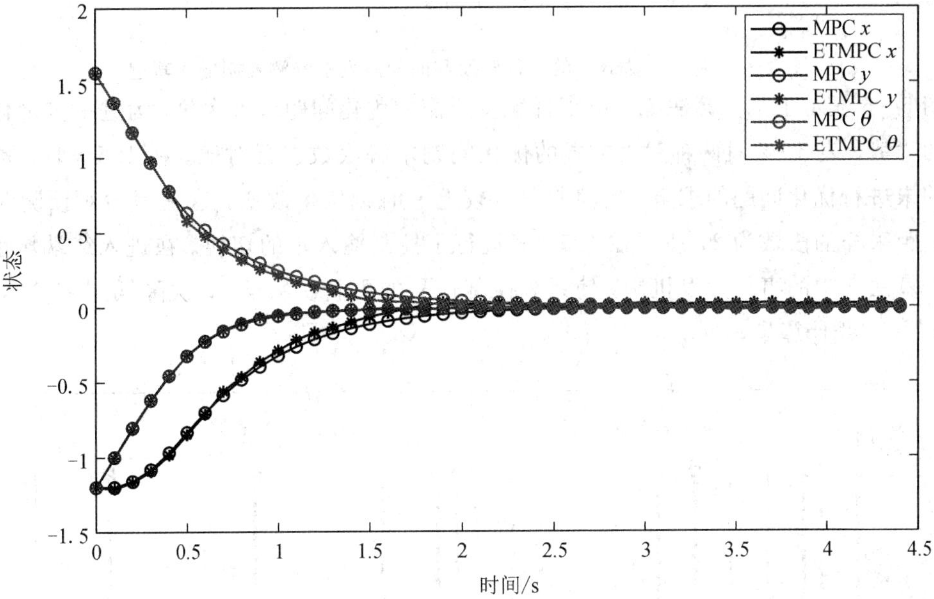

图 5-3　基于算法 5.1 的事件触发和时间触发的预测控制状态轨迹

仿真中，基于时间触发预测控制和基于算法 5.1 所描述的事件触发预测控制分别用圆圈和星号进行标记。图 5-3 对比了两种控制算法下移动机器人的状态轨迹，可以看到，事件触发预测控制不仅在控制性能上接近传统预测控制，而且具有更快的响应速度。图 5-4 显示了基于时间触发和事件触发控制的移动机器人控制输入轨迹，分别用虚线和实线表示，此外，用黑色虚线表示输入约束。通过采样保持方法将连续控制信号转变为离散保持信号，并能够满足输入约束，这表明控制信号传输的频率由原先固定的采样频率转变为非周期的采样方式，从而能够较大程度地降低控制信号传输对网络通信的带宽占用。

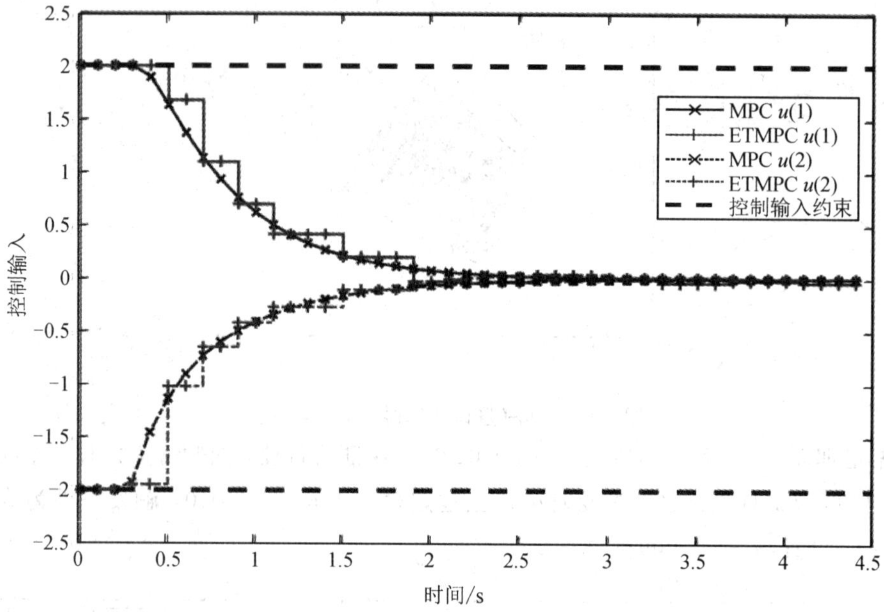

图 5-4 基于算法 5.1 的事件触发和时间触发的预测控制输入轨迹

图 5-5 显示了基于算法 5.1 的事件触发所需的优化问题求解次数，为进一步量化事件触发的优势，表 5-2 对两种触发方式的优化问题求解次数进行对比。在 1.5 s 时，预测控制器并未进行优化问题的求解，但控制信号较上一时刻发生改变，这是因为对预测时域进行等间距采样的段数为 2，所以在 1.5 s 时进行了控制输入量的切换。在进入终端域前，采用基于算法 5.1 的事件触发机制，使系统控制信号的更新次数从 45 次降低到 15 次，节省约 67%的在线计算量，如表 5-2 所示。

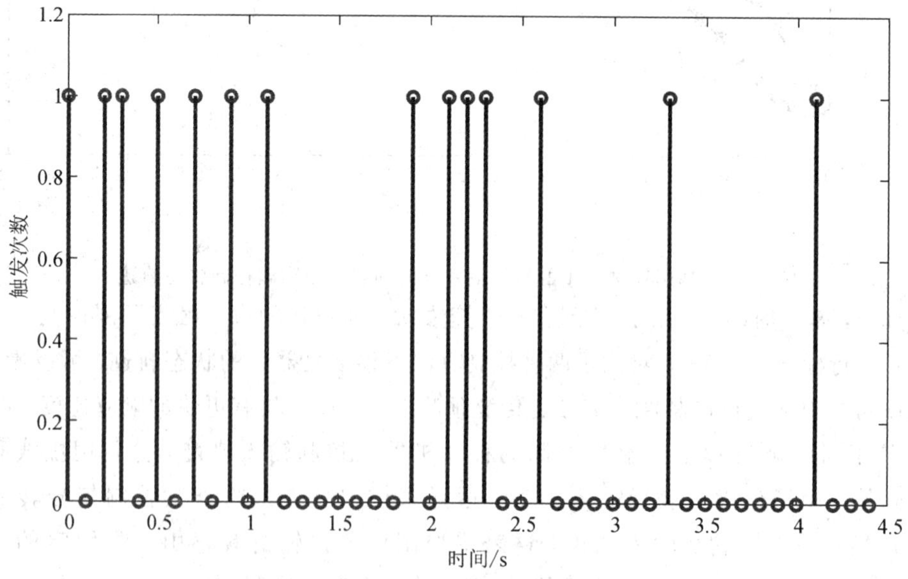

图 5-5 基于算法 5.1 的事件触发次数

表5-2　两种触发方式优化问题求解次数对比

预测控制触发方式	优化问题求解次数
时间触发	45
基于算法2的事件触发	15

本章小结

本章针对存在外部扰动的移动机器人进行基于事件触发机制的预测控制算法研究，主要包含以下内容：① 在传统预测控制的基础上，首先应用双模控制方法在降低在线计算量的同时，还在一定程度上降低了稳定性理论分析的难度；② 针对网络带宽有限的问题，对连续控制信号进行采样保持并进行重构，能够降低系统传输控制信号时对网络带宽的占用；③ 提出事件触发条件以有效地降低优化问题在线求解次数，降低计算量，并通过理论推导证明触发间隔存在下界，避免了芝诺效应；④ 通过对状态添加时变紧状态约束及终端约束来保证系统鲁棒性及可行性。

第6章 基于积分型事件触发的移动机器人模型预测控制策略研究

本章针对目前预测控制算法研究中普遍存在的计算负担大、通信资源利用率不足的问题[59-60]，提出了一种基于积分型事件触发的模型预测控制算法[61]，包括优化问题的提出、积分型事件触发机制的建立，以及双模控制策略算法的提出。最后对所建立的积分型事件触发模型预测控制算法进行了可行性和稳定性的研究分析，建立了保证迭代可行性和闭环系统稳定性的充分条件。

6.1 问题描述

由于在移动机器人实际运动控制场景中，测量轮式移动机器人位姿状态的传感器容易受到各种因素的影响，测量结果会引入外界加性干扰，因此考虑具有有界干扰和约束的连续线性时不变(LTI)系统，如下所示：

$$\dot{\boldsymbol{x}}(t)=\boldsymbol{A}\boldsymbol{x}(t)+\boldsymbol{B}\boldsymbol{u}(t)+\boldsymbol{E}\boldsymbol{\omega}(t) \tag{6-1}$$

这里 $\boldsymbol{x}(t_0)=\boldsymbol{x}_0$，$t_0\geqslant 0$。相应的标称系统可以写成如下形式：

$$\dot{\boldsymbol{x}}(t)=\boldsymbol{A}\boldsymbol{x}(t)+\boldsymbol{B}\boldsymbol{u}(t) \tag{6-2}$$

这里 $\boldsymbol{x}(t)\in\mathbb{R}^n$ 是系统状态变量，$\boldsymbol{u}(t)\in\mathbb{R}^m$ 是系统控制输入。控制输入约束是 $\boldsymbol{u}(t)\in U$。$\boldsymbol{\omega}(t)\in\mathbb{R}^l$ 是未知但有界的加性干扰，属于一个集 $\boldsymbol{\omega}(t)\in W$，干扰的上界为 $\eta\triangleq\sup\limits_{\boldsymbol{\omega}(t)\in W}\|\boldsymbol{\omega}(t)\|$。这里，$U\subset\mathbb{R}^m$ 和 $W\subset\mathbb{R}^l$ 是包含原点为内点的紧集。$\boldsymbol{A}\in\mathbb{R}^{n\times n}$，$\boldsymbol{B}\in\mathbb{R}^{n\times m}$ 和 $\boldsymbol{E}\in\mathbb{R}^{n\times l}$ 是时不变矩阵。

对标称系统(如式(6-2)所示)做如下标准假设。

假设 6.1 对于式(6-2)所示的系统，存在一个状态反馈增益 $\boldsymbol{K}$，保证 $\boldsymbol{A}+\boldsymbol{B}\boldsymbol{K}$ 是 Hurwitz 的。

引理 6.1 对于具有假设 6.1 的系统(如式(6-2)所示)，给定两个矩阵 $\boldsymbol{Q}>0$ 和 $\boldsymbol{R}>0$，这里存在一个状态反馈增益 $\boldsymbol{K}$ 和一个常数 κ，使得：

(1) Lyapunov 方程 $(\boldsymbol{A}+\boldsymbol{B}\boldsymbol{K}+\kappa\boldsymbol{I})^{\mathrm{T}}\boldsymbol{P}+\boldsymbol{P}(\boldsymbol{A}+\boldsymbol{B}\boldsymbol{K}+\kappa\boldsymbol{I})=-\boldsymbol{Q}^*$ 允许一个唯一解 $\boldsymbol{P}>0$，其中 $\boldsymbol{Q}^*=\boldsymbol{Q}+\boldsymbol{K}^{\mathrm{T}}\boldsymbol{R}\boldsymbol{K}\in\mathbb{R}^{n\times n}$ 和 κ 小于 $-\bar{\lambda}(\boldsymbol{A}+\boldsymbol{B}\boldsymbol{K})$ 的实部；

(2) 对于式(6-2)所示的系统，$\Omega_r\triangleq\{\boldsymbol{x}\mid\|\boldsymbol{x}\|\leqslant r\}$ 是由反馈控制律 $\boldsymbol{u}=\boldsymbol{K}\boldsymbol{x}$ 设定的控制不变集；

(3) 不等式 $\dot{V}(\boldsymbol{x}(t)) \leqslant -\|\boldsymbol{x}(t)\|_{Q^*}^2$ 成立，对于任何 $\boldsymbol{x}(t)\in\Omega_r$ 有 $\boldsymbol{u}=\boldsymbol{Kx}\in U$，其中 $V(\boldsymbol{x}(t))=\|\boldsymbol{x}(t)\|_P^2$。

6.2　积分型事件触发模型预测控制

6.2.1　优化问题

对于式(6-1)所示的系统，在每个采样时刻 t_k，$k\in\mathbb{N}$，接下来考虑优化问题，其表达式可构建为

$$\boldsymbol{u}^*(\tau\mid t_k)=\arg\min_{\bar{\boldsymbol{u}}(\tau\mid t_k)\in U} J(\bar{\boldsymbol{x}}(\tau\mid t_k),\bar{\boldsymbol{u}}(\tau\mid t_k)) \tag{6-3}$$

$$\begin{aligned}\text{s.t.}\ &\dot{\bar{\boldsymbol{x}}}(\tau\mid t_k)=\boldsymbol{A}\bar{\boldsymbol{x}}(\tau\mid t_k)+\boldsymbol{B}\bar{\boldsymbol{u}}(\tau\mid t_k)\\ &\bar{\boldsymbol{x}}(t_k\mid t_k)=\boldsymbol{x}(t_k),\ \|\bar{\boldsymbol{x}}(t_k+T\mid t_k)\|\in\Omega_\varepsilon\\ &\|\bar{\boldsymbol{x}}(\tau\mid t_k)\|\leqslant\frac{T\varepsilon}{\tau-t_k},\ \tau\in(t_k,t_k+T]\\ &\bar{\boldsymbol{u}}(\tau\mid t_k)\in U,\ \tau\in(t_k,t_k+T]\end{aligned}$$

这里 T 是系统的预测时域。$\bar{\boldsymbol{u}}(\tau|t_k)$ 是预测输入轨迹，$\bar{\boldsymbol{x}}(\tau|t_k)$ 是相应的预测状态轨迹，$\tau\in[t_k, t_k+T]$。$J(\bar{\boldsymbol{x}}(\tau|t_k),\bar{\boldsymbol{u}}(\tau|t_k))$ 是优化代价函数，$\Omega_\varepsilon=\{\boldsymbol{x}|\ \|\boldsymbol{x}(t)\|\leqslant\varepsilon\}$ 是鲁棒终端集，ε 是一个设计常数。由于在实际系统中存在未知干扰，因此鲁棒终端集 Ω_ε 属于 Ω_r，即 $\Omega_\varepsilon\subseteq\Omega_r$。通过在 t_k 时刻求解优化问题，最优输入轨迹可以表示为 $\boldsymbol{u}^*(\tau|t_k)$，相应的最优状态轨迹可以表示为 $\boldsymbol{x}^*(\tau|t_k)$，这里 $\tau\in[t_k, t_k+T]$。

代价函数被定义为

$$J(\bar{\boldsymbol{x}}(\tau\mid t_k),\bar{\boldsymbol{u}}(\tau\mid t_k))\triangleq\int_{t_k}^{t_k+T}F(\bar{\boldsymbol{x}}(\tau),\bar{\boldsymbol{u}}(\tau))\mathrm{d}\tau+V(\bar{\boldsymbol{x}}(t_k+T\mid t_k)) \tag{6-4}$$

$F(\bar{\boldsymbol{x}}(\tau),\bar{\boldsymbol{u}}(\tau))=\|\bar{\boldsymbol{x}}(\tau|t_k)\|_Q^2+\|\bar{\boldsymbol{u}}(\tau|t_k)\|_R^2$ 和 $V(\bar{\boldsymbol{x}}(t_k+T|t_k))=\|\bar{\boldsymbol{x}}(t_k+T|t_k)\|_P^2$ 分别代表状态代价函数和终端代价函数，其中 $\boldsymbol{P}>0$，$\boldsymbol{Q}>0$ 和 $\boldsymbol{R}>0$ 是根据引理 6.1 设计的。

6.2.2　积分型事件触发机制

事件触发机制，可以处理时间触发模型预测控制计算负载大的问题。在事件触发模型预测控制策略中，时间序列 $t_k(k\in\mathbb{N})$ 是由触发条件确定的。由于式(6-1)所示的系统存在加性干扰，所以实际状态和最优状态不可能完全一样。事件触发机制的关键是设置一个阈值作为最优状态轨迹与真实状态轨迹之间差异的上界。基于此建立一种积分型事件触发机制，其触发条件被设计如下：

$$\sigma \triangleq \inf_{h>0}\left\{h:\int_{t_k}^{t_k+h}\|\boldsymbol{x}^*(\tau\mid t_k)-\boldsymbol{x}(\tau\mid t_k)\|\mathrm{d}\tau=\theta(\sigma)\right\} \tag{6-5}$$

$$t_{k+1}=\min\{t_k+\sigma,\ t_k+T\} \tag{6-6}$$

这里，$\theta(\sigma)=m\left[\frac{1}{a}(\mathrm{e}^{a\sigma}-1)-\sigma\right]$是触发阈值，其中 $m=\frac{\eta\|\boldsymbol{E}\|}{\|\boldsymbol{A}\|}$，$a=\|\boldsymbol{A}\|$。$h$ 为满足式(6-5)中等式所确定的时间变量，它的下限值用 σ 表示。如果式(6-5)中的误差积分足够大，在 t_k 到 t_k+T 的某个瞬间 $t_k+\sigma$ 达到特定的阈值，那么这个 $t_k+\sigma$ 将是下一个采样时刻 t_{k+1}。

Zeno 现象：在事件触发控制中指在有限的时间内会发生无限次的触发，对于设计的事件触发条件而言就是触发条件不断地满足，控制器无法有效地调整触发。因此，为了避免 Zeno 现象，在下面的定理中阐述了正的最小事件间隔时间。

定理 6.1 对于式(6-1)所示的系统，如果时间序列$\{t_k\}(k\in\mathbb{N})$是由式(6-5)所示的触发机制产生的，那么事件间隔时间的下界可以取为 σ，上界为 T。

证明 事件间隔时间的上界的结果可以直接从式(6-6)得到。

为了证明事件间隔时间下界的结果，首先考虑在 t_k 时刻$\|\boldsymbol{x}^*(\tau|t_k)-\boldsymbol{x}(\tau|t_k)\|$的上界。根据时不变线性方程的解和矩阵不等式以及实际状态 $\boldsymbol{x}(t_k)=\boldsymbol{x}^*(t_k|t_k)$，系统在相同的最优控制输入 $\boldsymbol{u}^*(\tau|t_k)$下，有下面结果：

$$\begin{aligned}\|\boldsymbol{x}(\tau)-\boldsymbol{x}^*(\tau\mid t_k)\| &= \Big\|\mathrm{e}^{\boldsymbol{A}(\tau-t_k)}\boldsymbol{x}(t_k)+\int_{t_k}^{\tau}\mathrm{e}^{\boldsymbol{A}(\tau-s)}(\boldsymbol{B}\boldsymbol{u}^*(s)+\boldsymbol{E}\boldsymbol{\omega}(s))\mathrm{d}s \\ &\quad -\mathrm{e}^{\boldsymbol{A}(\tau-t_k)}\boldsymbol{x}^*(t_k\mid t_k)-\int_{t_k}^{\tau}\mathrm{e}^{\boldsymbol{A}(\tau-s)}\boldsymbol{B}\boldsymbol{u}^*(s)\mathrm{d}s\Big\| \\ &= \left\|\int_{t_k}^{\tau}\mathrm{e}^{\boldsymbol{A}(\tau-s)}\boldsymbol{E}\boldsymbol{\omega}(s)\mathrm{d}s\right\| \\ &\leqslant \int_{t_k}^{\tau}\mathrm{e}^{\|\boldsymbol{A}\|(\tau-s)}\|\boldsymbol{E}\|\eta\mathrm{d}s \\ &= \frac{\eta\|\boldsymbol{E}\|}{\|\boldsymbol{A}\|}\mathrm{e}^{\|\boldsymbol{A}\|(\tau-t_k)}-\frac{\eta\|\boldsymbol{E}\|}{\|\boldsymbol{A}\|} \\ &= m\mathrm{e}^{a(\tau-t_k)}-m\end{aligned}$$

这里 $\tau\in[t_k,\ t_k+T]$。将上面的不等式代入式(6-5)中，可以推导出：

$$\begin{aligned}&\int_{t_k}^{t_{k+1}}\|\boldsymbol{x}^*(\tau\mid t_k)-\boldsymbol{x}(\tau\mid t_k)\|\mathrm{d}\tau \\ \leqslant &\int_{t_k}^{t_{k+1}}\left(\frac{\eta\|\boldsymbol{E}\|}{\|\boldsymbol{A}\|}\mathrm{e}^{\|\boldsymbol{A}\|(\tau-t_k)}-\frac{\eta\|\boldsymbol{E}\|}{\|\boldsymbol{A}\|}\right)\mathrm{d}\tau \\ = &\frac{\eta\|\boldsymbol{E}\|}{\|\boldsymbol{A}\|}\left[\frac{1}{\|\boldsymbol{A}\|}(\mathrm{e}^{\|\boldsymbol{A}\|(t_{k+1}-t_k)}-1)-(t_{k+1}-t_k)\right]\end{aligned}$$

通过计算可以得到，当 $\tau>t_k$ 时，$\frac{\eta\|\boldsymbol{E}\|}{\|\boldsymbol{A}\|}\mathrm{e}^{\|\boldsymbol{A}\|(\tau-t_k)}-\frac{\eta\|\boldsymbol{E}\|}{\|\boldsymbol{A}\|}$是严格大于 0 的，因此可以选择一个阈值 $\theta(\sigma)=\frac{\eta\|\boldsymbol{E}\|}{\|\boldsymbol{A}\|}\left[\frac{1}{\|\boldsymbol{A}\|}(\mathrm{e}^{\|\boldsymbol{A}\|\sigma}-1)-\sigma\right]$使得事件间隔时间的下界为$\inf\limits_{k\in\mathbb{N}}\{t_{k+1}-t_k\}\geqslant\sigma$。

至此，证明了定理 6.1 的结论。

6.2.3　积分型事件触发模型预测控制算法

整个控制策略为双模控制策略，即如果系统状态未进入鲁棒终端域时，将应用所设计的积分型事件触发模型预测控制算法在线求解优化问题，得到最优控制序列去控制系统；否则，将使用状态反馈控制律来稳定系统，而不进行优化问题的求解。通过结合积分型事件触发模型预测控制和状态反馈控制建立双模控制策略。基于上述策略，双模控制和积分型事件触发模型预测控制算法可以通过下面的算法 6.1 来描述。

表 6－1　积分型鲁棒事件触发模型预测控制算法伪代码

算法 6.1　积分型鲁棒事件触发模型预测控制算法

if $\boldsymbol{x}(\tau)\notin\Omega_\varepsilon$ **then**

　　求解式(6－3)中的优化问题；

　　while t_{k+1}未被触发 **do**

　　　　应用在 t_k 时刻计算的控制输入；

　　end while

　　$\boldsymbol{k}=\boldsymbol{k}+1$；

else

　　应用状态反馈控制律 $\boldsymbol{u}(t)=\boldsymbol{Kx}(t)$；

end if

更新系统状态 $\boldsymbol{x}(\tau)$并重新开始。

6.3　算法可行性和稳定性分析

在这一节中，将研究所设计积分型事件触发模型预测控制算法的迭代可行性和闭环系统的稳定性。

6.3.1　可行性分析

通过使用接下来的定理去分析可行性。

定理 6.2　对于式(6－1)所示的系统，如果系统参数满足：

(1) 优化问题在初始时刻 t_0 有一个可行解；

(2) $\eta\leqslant\dfrac{(a\sigma-1)(r-\varepsilon)}{\|\boldsymbol{E}\|\sigma[\mathrm{e}^{aT}-(1+a\sigma)\mathrm{e}^{a(T-\sigma)}]}$，$\sigma\geqslant\max\left\{\dfrac{2\bar{\lambda}(\boldsymbol{P})}{\underline{\lambda}(\boldsymbol{Q}^*)}\ln\left(\dfrac{r}{\varepsilon}\right),\ \dfrac{1}{a}\right\}$和 $\beta r\leqslant\varepsilon\leqslant r$，其中 $\beta=\max\left\{\dfrac{T-\sigma}{T},\ \dfrac{2\bar{\lambda}(\boldsymbol{P})}{T\underline{\lambda}(\boldsymbol{Q}^*)}\right\}$，$\dfrac{2\bar{\lambda}(\boldsymbol{P})}{T\underline{\lambda}(\boldsymbol{Q}^*)}<1$。

则算法 6.1 是可行的，即有一个可行解使系统收敛到鲁棒终端集 Ω_ε。

为了证明递归的可行性，在 t_{k+1} 时刻构造一个可行的控制轨迹候选 $\tilde{\boldsymbol{u}}(\tau \mid t_{k+1})$ 如下所示：

$$\tilde{\boldsymbol{u}}(\tau \mid t_{k+1}) = \begin{cases} \boldsymbol{u}^*(\tau \mid t_k), & \tau \in [t_{k+1}, t_k + T] \\ \boldsymbol{K}\tilde{\boldsymbol{x}}(\tau \mid t_{k+1}), & \tau \in [t_k + T, t_{k+1} + T] \end{cases} \tag{6-7}$$

这里 $\tilde{\boldsymbol{x}}(\tau|t_{k+1})$ 是相应的可行性状态轨迹，并且有 $\tilde{\boldsymbol{x}}(t_{k+1}|t_{k+1})=\boldsymbol{x}(t_{k+1})$。

在证明定理 6.2 之前，先提出一个引理。

引理 6.2　设 f：$(\mathbb{R}\rightarrow\mathbb{R}^N)$ 是定义在 $t\in[m, n]$ 上的可微函数，f' 是 f 的导数，则有：

$$\sup_{t\in[m, n]} \| f(t) \| \leqslant \frac{1}{2}\int_m^n \| f'(t) \| \mathrm{d}t + \frac{1}{2} \| f(m) + f(n) \| \tag{6-8}$$

证明　对于任意的 $t\in[m, n]$，有接下来的两个结果：

$$f(t) = f(m) + \int_m^t f'(\tau)\mathrm{d}\tau$$

$$f(n) = f(t) + \int_t^n f'(\tau)\mathrm{d}\tau$$

以上两个方程对应相减可以得到

$$2f(t) = f(m) + f(n) + \int_m^t f'(\tau)\mathrm{d}\tau + \int_n^t f'(\tau)\mathrm{d}\tau$$

通过使用三角不等式，可以从上面的等式推导出

$$\begin{aligned} \| f(t) \| &\leqslant \frac{1}{2} \| f(m) + f(n) \| + \frac{1}{2}\int_m^t \| f'(\tau) \| \mathrm{d}\tau + \frac{1}{2}\int_t^n \| f'(\tau) \| \mathrm{d}\tau \\ &= \frac{1}{2}\int_m^n \| f'(t) \| \mathrm{d}t + \frac{1}{2} \| f(m) + f(n) \| \end{aligned}$$

由于在区间 $[m, n]$ 上定义的每个 $f(t)$ 都小于等于上面不等式的右侧，因此式(6-8)中的结果成立。证明完成。

因此，可以得到以下结果。

推论 6.1　当 $\tau\in[t_{k+1}, t_k+T]$ 时，给定 $\boldsymbol{e}(\tau|t_{k+1})=\tilde{\boldsymbol{x}}(\tau|t_{k+1})-\boldsymbol{x}^*(\tau|t_k)$，其最大值为

$$\sup_{\tau\in[t_{k+1}, t_k+T]} \| \boldsymbol{e}(\tau \mid t_{k+1}) \| \leqslant \frac{a^2\sigma}{a\sigma - 1} \mathrm{e}^{a(T-\sigma)}\theta(\sigma) \tag{6-9}$$

其中 $a\sigma>1$。

证明　基于引理 6.2，可以得到

$$\sup_{\tau\in[t_{k+1}, t_k+T]} \| \boldsymbol{e}(\tau \mid t_{k+1}) \| \leqslant \frac{1}{2} \| \boldsymbol{A} \| \int_{t_{k+1}}^{t_k+T} \| \boldsymbol{e}(\tau \mid t_{k+1}) \| \mathrm{d}\tau + \frac{1}{2} \| \boldsymbol{e}(t_{k+1} \mid t_{k+1}) + \boldsymbol{e}(t_k + T \mid t_{k+1}) \| \tag{6-10}$$

因此，可以推导出

$$\sup_{\tau\in[t_{k+1},\,t_k+T]}\|e(\tau\mid t_{k+1})\|\leqslant\frac{1}{2}\|A\|\int_{t_{k+1}}^{t_k+T}\|e(\tau\mid t_{k+1})\|\mathrm{d}\tau+$$

$$\frac{1}{2}\left\|2e(t_{k+1}\mid t_{k+1})+\int_{t_{k+1}}^{t_k+T}\dot{e}(\tau\mid t_{k+1})\mathrm{d}\tau\right\|$$

$$=\|A\|\int_{t_{k+1}}^{t_k+T}\|e(\tau\mid t_{k+1})\|\mathrm{d}\tau+\|e(t_{k+1}\mid t_{k+1})\|\tag{6-11}$$

由之前的结论可知当 $\tau\in[t_k,\,t_{k+1}]$时，$\|x(\tau|t_k)-x^*(\tau|t_k)\|$的上界是 $m\mathrm{e}^{a(\tau-t_k)}-m$。假设存在一个最大值$\|x(t_k+h|t_k)-x^*(t_k+h|t_k)\|\geqslant\|x(\tau|t_k)-x^*(\tau|t_k)\|$。从定理 6.1 可以得到 $\theta(h)=m\left[\frac{1}{a}(\mathrm{e}^{ah}-1)-h\right]$是$\int_{t_k}^{t_k+h}\|x(\tau\mid t_k)-x^*(\tau\mid t_k)\|\mathrm{d}\tau$ 的触发条件。通过计算，可以得到

$$\|x(t_k+h\mid t_k)-x^*(t_k+h\mid t_k)\|\leqslant m(\mathrm{e}^{ah}-1)\leqslant a\theta(h)\frac{ah}{ah-1}\tag{6-12}$$

其中 $ah>1$。因为当 $h=\sigma$ 时$\frac{ah}{ah-1}$达到最大值，因此

$$\|e(t_{k+1}\mid t_{k+1})\|\leqslant\|x(t_k+h\mid t_k)-x^*(t_k+h\mid t_k)\|\leqslant a\theta(\sigma)\frac{a\sigma}{a\sigma-1}\tag{6-13}$$

通过将式(6－13)代入式(6－11)中，可以利用 Gronwall-Bellman 不等式得到式(6－9)。通过上面的陈述完成了证明。

接下来将详细阐述定理 6.2 的证明过程。

证明　当 $\tau\in[t_{k+1},\,t_k+T]$时，从式(6－9)可以得到

$$\|\tilde{x}(\tau\mid t_{k+1})-x^*(\tau\mid t_k)\|\leqslant\frac{a^2\sigma}{a\sigma-1}\mathrm{e}^{a(T-\sigma)}\theta(\sigma)\tag{6-14}$$

将 $\tau=t_k+T$ 和 $\theta(\sigma)=m\left[\frac{1}{a}(\mathrm{e}^{a\sigma}-1)-\sigma\right]$代入到式(6－14)中，通过使用三角不等式，可以得到

$$\|\tilde{x}(t_k+T\mid t_{k+1})\|\leqslant\|x^*(t_k+T\mid t_k)\|+m\frac{a\sigma}{a\sigma-1}[\mathrm{e}^{aT}-(1+a\sigma)\mathrm{e}^{a(T-\sigma)}]\tag{6-15}$$

这里$\|x^*(t_k+T|t_k)\|\leqslant\varepsilon$，$\eta\leqslant\frac{(a\sigma-1)(r-\varepsilon)}{\|E\|\sigma[\mathrm{e}^{aT}-(1+a\sigma)\mathrm{e}^{a(T-\sigma)}]}$，因此有

$$\|\tilde{x}(t_k+T\mid t_{k+1})\|\leqslant\varepsilon+\frac{\eta\|E\|}{a}\frac{a\sigma}{a\sigma-1}[\mathrm{e}^{aT}-(1+a\sigma)\mathrm{e}^{a(T-\sigma)}]$$

$$\leqslant\varepsilon+r-\varepsilon$$

$$=r\tag{6-16}$$

随后将证明标称系统在 $\tau\in[t_k+T,\,t_{k+1}+T]$时会收敛到鲁棒终端集 Ω_ε。从引理 6.1 可以得到

$$\dot{V}(\tilde{x}(\tau\mid t_{k+1}))\leqslant-\|\tilde{x}(\tau\mid t_{k+1})\|_{Q^*}^2\leqslant-\frac{\underline{\lambda}(Q^*)}{\bar{\lambda}(P)}V(\tilde{x}(\tau\mid t_{k+1}))\tag{6-17}$$

通过使用比较原则，可以得到

$$V(\tilde{\boldsymbol{x}}(\tau \mid t_{k+1})) \leqslant V(\tilde{\boldsymbol{x}}(t_k + T \mid t_{k+1}))\mathrm{e}^{-\frac{\underline{\lambda}(\boldsymbol{Q}^*)}{\bar{\lambda}(\boldsymbol{P})}(\tau - t_k - T)} \tag{6-18}$$

将 $\tau = t_{k+1} + T$ 和 $\|\tilde{\boldsymbol{x}}(t_k + T | t_{k+1})\| \leqslant r$ 代入到式(6-18)中，可以得到

$$\|\tilde{\boldsymbol{x}}(t_{k+1} + T \mid t_{k+1})\| \leqslant r\mathrm{e}^{-\frac{\underline{\lambda}(\boldsymbol{Q}^*)}{2\bar{\lambda}(\boldsymbol{P})}(t_{k+1} - t_k)} \leqslant r\mathrm{e}^{-\frac{\underline{\lambda}(\boldsymbol{Q}^*)}{2\bar{\lambda}(\boldsymbol{P})}\sigma} \tag{6-19}$$

如果 $\sigma \geqslant \dfrac{2\bar{\lambda}(\boldsymbol{P})}{\underline{\lambda}(\boldsymbol{Q}^*)}\ln\left(\dfrac{r}{\varepsilon}\right)$，显然有 $\|\tilde{\boldsymbol{x}}(t_{k+1} + T | t_{k+1})\| \leqslant \varepsilon$。

最后，将证明当 $\tau \in [t_{k+1}, t_{k+1} + T]$ 时可行性状态轨迹 $\tilde{\boldsymbol{x}}(\tau | t_{k+1})$ 满足鲁棒约束

$$\|\tilde{\boldsymbol{x}}(\tau \mid t_{k+1})\| \leqslant \frac{T\varepsilon}{\tau - t_{k+1}}$$

对于 $\tau \in [t_{k+1}, t_k + T]$，在式(6-16)的基础上使用约束 $\|\boldsymbol{x}^*(\tau | t_k)\| \leqslant \dfrac{T\varepsilon}{\tau - t_k}$，那么就有

$$\|\tilde{\boldsymbol{x}}(\tau \mid t_{k+1})\| \leqslant \frac{T\varepsilon}{\tau - t_k} + r - \varepsilon$$

这里，因为 $\beta r \leqslant \varepsilon \leqslant r$ 和 $\beta = \dfrac{T - \sigma}{T}$，所以可以得到

$$r - \varepsilon \leqslant \frac{\sigma}{T - \sigma}\varepsilon \leqslant \frac{t_{k+1} - t_k}{(\tau - t_{k+1})(\tau - t_k)}T\varepsilon$$

和

$$\|\tilde{\boldsymbol{x}}(\tau \mid t_{k+1})\| \leqslant \frac{T\varepsilon}{\tau - t_k} + \frac{t_{k+1} - t_k}{(\tau - t_{k+1})(\tau - t_k)}T\varepsilon \leqslant \frac{T\varepsilon}{\tau - t_{k+1}} \tag{6-20}$$

对于 $\tau \in [t_k + T, t_{k+1} + T]$，基于式(6-18)，能够推导出

$$\|\tilde{\boldsymbol{x}}(\tau \mid t_{k+1})\| \leqslant r\mathrm{e}^{-\frac{\underline{\lambda}(\boldsymbol{Q}^*)}{2\bar{\lambda}(\boldsymbol{P})}(\tau - t_k - T)}$$

显然证明 $\|\tilde{\boldsymbol{x}}(\tau | t_{k+1})\| \leqslant \dfrac{T\varepsilon}{\tau - t_{k+1}}$，相当于证明 $r\mathrm{e}^{-\frac{\underline{\lambda}(\boldsymbol{Q}^*)}{2\bar{\lambda}(\boldsymbol{P})}(\tau - t_k - T)} \leqslant \dfrac{T\varepsilon}{\tau - t_{k+1}}$。那么问题就转化为证明 $\dfrac{r(\tau - t_{k+1}) - \mathrm{e}^{\frac{\underline{\lambda}(\boldsymbol{Q}^*)}{2\bar{\lambda}(\boldsymbol{P})}(\tau - t_k - T)}T\varepsilon}{\mathrm{e}^{\frac{\underline{\lambda}(\boldsymbol{Q}^*)}{2\bar{\lambda}(\boldsymbol{P})}(\tau - t_k - T)}(\tau - t_{k+1})} \leqslant 0$，显而易见其分母是正的，因此定义

$$G(\tau) = r(\tau - t_{k+1}) - \mathrm{e}^{\frac{\underline{\lambda}(\boldsymbol{Q}^*)}{2\bar{\lambda}(\boldsymbol{P})}(\tau - t_k - T)}T\varepsilon \tag{6-21}$$

通过使用 $\beta r \leqslant \varepsilon$ 和 $\beta = \dfrac{T - \sigma}{T}$ 可以得到

$$G(t_k + T) \leqslant r(T - \sigma) - \varepsilon T \leqslant 0$$

通过对 $G(\tau)$ 求导数，可以得到

$$\dot{G}(\tau) = r - \varepsilon T\frac{\underline{\lambda}(\boldsymbol{Q}^*)}{2\bar{\lambda}(\boldsymbol{P})}\mathrm{e}^{\frac{\underline{\lambda}(\boldsymbol{Q}^*)}{2\bar{\lambda}(\boldsymbol{P})}(\tau - t_k - T)}$$

显然 $\dot{G}(\tau)$ 是一个递减函数。因此，如果

$$\dot{G}(t_k+T) = r - \varepsilon T\frac{\underline{\lambda}(\boldsymbol{Q}^*)}{2\bar{\lambda}(\boldsymbol{P})} \leqslant 0$$

那么 $G(\tau)\leqslant 0$ 和状态约束被保证。因此，系统参数应该被配置为

$$\varepsilon \geqslant \frac{2\bar{\lambda}(\boldsymbol{P})}{T\underline{\lambda}(\boldsymbol{Q}^*)}r$$

其中$\frac{2\bar{\lambda}(\boldsymbol{P})}{T\underline{\lambda}(\boldsymbol{Q}^*)}<1$。

至此，可行性证明全部完成。

6.3.2　稳定性分析

这一部分将研究闭环系统的稳定性和设计参数以保证稳定性。

定理 6.3　对于式(6-1)所示的系统，若假设 6.1 和定理 6.2 成立，如果系统参数满足

$$\underline{\lambda}(\boldsymbol{Q})\sigma\left(\varepsilon - \frac{a^2\sigma}{a\sigma-1}\theta(\sigma)\right)^2 - 2\bar{\lambda}(\boldsymbol{Q})\frac{a^2\sigma}{a\sigma-1}\mathrm{e}^{a(T-\sigma)}\theta(\sigma)T\varepsilon\ln\frac{T}{\sigma}$$
$$-\bar{\lambda}(\boldsymbol{Q})\left[\frac{a^2\sigma}{a\sigma-1}\mathrm{e}^{a(T-\sigma)}\theta(\sigma)\right]^2(T-\sigma)-(r+\varepsilon)\bar{\lambda}(\boldsymbol{P})\frac{a^2\sigma}{a\sigma-1}\mathrm{e}^{a(T-\sigma)}\theta(\sigma)>0 \quad (6-22)$$

那么，系统状态是稳定的并收敛到时间不变集 Ω_γ。

证明　定义

$$\Delta V = J(\tilde{\boldsymbol{x}}(\tau\mid t_{k+1}),\tilde{\boldsymbol{u}}(\tau\mid t_{k+1})) - J(\boldsymbol{x}^*(\tau\mid t_k),\boldsymbol{u}^*(\tau\mid t_k)) \quad (6-23)$$

根据式(6-4)，可知

$$\Delta V = \int_{t_{k+1}}^{t_{k+1}+T}\|\tilde{\boldsymbol{x}}(\tau\mid t_{k+1})\|_{\boldsymbol{Q}}^2 + \|\tilde{\boldsymbol{u}}(\tau\mid t_{k+1})\|_{\boldsymbol{R}}^2\mathrm{d}\tau +$$
$$\|\tilde{\boldsymbol{x}}(t_{k+1}+T\mid t_{k+1})\|_{\boldsymbol{P}}^2 - \int_{t_k}^{t_k+T}\|\boldsymbol{x}^*(\tau\mid t_k)\|_{\boldsymbol{Q}}^2 + \|\boldsymbol{u}^*(\tau\mid t_k)\|_{\boldsymbol{R}}^2\mathrm{d}\tau -$$
$$\|\boldsymbol{x}^*(t_k+T\mid t_k)\|_{\boldsymbol{P}}^2 \quad (6-24)$$

假设

$$\Delta V = \sum_{i=1}^{3}\Delta V_i$$

其中

$$\Delta V_1 = \int_{t_{k+1}}^{t_k+T}\|\tilde{\boldsymbol{x}}(\tau\mid t_{k+1})\|_{\boldsymbol{Q}}^2 - \|\boldsymbol{x}^*(\tau\mid t_k)\|_{\boldsymbol{Q}}^2\mathrm{d}\tau$$
$$\Delta V_2 = \int_{t_k+T}^{t_{k+1}+T}\|\tilde{\boldsymbol{x}}(\tau\mid t_{k+1})\|_{\boldsymbol{Q}}^2 + \|\tilde{\boldsymbol{u}}(\tau\mid t_{k+1})\|_{\boldsymbol{R}}^2\mathrm{d}\tau +$$
$$\|\tilde{\boldsymbol{x}}(t_{k+1}+T\mid t_{k+1})\|_{\boldsymbol{P}}^2 - \|\boldsymbol{x}^*(t_k+T\mid t_k)\|_{\boldsymbol{P}}^2 \quad (6-25)$$
$$\Delta V_3 = -\int_{t_k}^{t_{k+1}}\|\boldsymbol{x}^*(\tau\mid t_k)\|_{\boldsymbol{Q}}^2 + \|\boldsymbol{u}^*(\tau\mid t_k)\|_{\boldsymbol{R}}^2\mathrm{d}\tau$$

首先，需要证明当 $\boldsymbol{x}(t_0)\notin\Omega_\varepsilon$ 时状态轨迹将在有限时间内收敛到鲁棒终端集 Ω_ε。

对于 ΔV_1，通过使用三角不等式和式(6－14)，可以得到

$$\begin{aligned}\Delta V_1 &\leqslant \int_{t_{k+1}}^{t_k+T} \|\tilde{\boldsymbol{x}}(\tau \mid t_{k+1}) - \boldsymbol{x}^*(\tau \mid t_k)\|_Q (\|\tilde{\boldsymbol{x}}(\tau \mid t_{k+1})\|_Q + \|\boldsymbol{x}^*(\tau \mid t_k)\|_Q) \mathrm{d}\tau \\ &\leqslant \int_{t_{k+1}}^{t_k+T} \left[2\|\boldsymbol{x}^*(\tau \mid t_k)\|_Q + \bar{\lambda}(\sqrt{\boldsymbol{Q}})\frac{a^2\sigma}{a\sigma-1}\mathrm{e}^{a(T-\sigma)}\theta(\sigma)\right]\left[\bar{\lambda}(\sqrt{\boldsymbol{Q}})\frac{a^2\sigma}{a\sigma-1}\mathrm{e}^{a(T-\sigma)}\theta(\sigma)\right]\mathrm{d}\tau\end{aligned} \tag{6-26}$$

因为 $\theta(\sigma)=m\left[\frac{1}{a}(\mathrm{e}^{a\sigma}-1)-\sigma\right]$与 τ 无关，因此

$$\Delta V_1 \leqslant \int_{t_{k+1}}^{t_k+T} 2\bar{\lambda}(\boldsymbol{Q})\frac{a^2\sigma}{a\sigma-1}\mathrm{e}^{a(T-\sigma)}\theta(\sigma)\|\boldsymbol{x}^*(\tau \mid t_k)\|\mathrm{d}\tau + \bar{\lambda}(\boldsymbol{Q})\left[\frac{a^2\sigma}{a\sigma-1}\mathrm{e}^{a(T-\sigma)}\theta(\sigma)\right]^2(T-\sigma) \tag{6-27}$$

通过代入状态约束$\|\boldsymbol{x}^*(\tau|t_k)\|\leqslant\frac{T\varepsilon}{\tau-t_k}$，可以得到

$$\begin{aligned}\Delta V_1 &\leqslant 2\bar{\lambda}(\boldsymbol{Q})\frac{a^2\sigma}{a\sigma-1}\mathrm{e}^{a(T-\sigma)}\theta(\sigma)\int_{t_{k+1}}^{t_k+T}\frac{T\varepsilon}{\tau-t_k}\mathrm{d}\tau + \bar{\lambda}(\boldsymbol{Q})\left[\frac{a^2\sigma}{a\sigma-1}\mathrm{e}^{a(T-\sigma)}\theta(\sigma)\right]^2(T-\sigma) \\ &\leqslant 2\bar{\lambda}(\boldsymbol{Q})\frac{a^2\sigma}{a\sigma-1}\mathrm{e}^{a(T-\sigma)}\theta(\sigma)T\varepsilon\ln\frac{T}{\sigma} + \bar{\lambda}(\boldsymbol{Q})\left[\frac{a^2\sigma}{a\sigma-1}\mathrm{e}^{a(T-\sigma)}\theta(\sigma)\right]^2(T-\sigma)\end{aligned} \tag{6-28}$$

根据 $\tilde{\boldsymbol{u}}(\tau|t_{k+1})=\boldsymbol{K}\tilde{\boldsymbol{x}}(\tau|t_{k+1})$和 $\boldsymbol{Q}^*=\boldsymbol{Q}+\boldsymbol{K}^{\mathrm{T}}\boldsymbol{R}\boldsymbol{K}$，可以得到

$$\begin{aligned}&\int_{t_k+T}^{t_{k+1}+T}\|\tilde{\boldsymbol{x}}(\tau \mid t_{k+1})\|_Q^2 + \|\tilde{\boldsymbol{u}}(\tau \mid t_{k+1})\|_{\boldsymbol{R}}^2\mathrm{d}\tau \\ &= \int_{t_k+T}^{t_{k+1}+T}\|\tilde{\boldsymbol{x}}(\tau \mid t_{k+1})\|_{Q^*}^2\mathrm{d}\tau\end{aligned} \tag{6-29}$$

又因为 $\dot{V}(\tilde{\boldsymbol{x}}(\tau|t_{k+1}))\leqslant-\|\tilde{\boldsymbol{x}}(\tau|t_{k+1})\|_{Q^*}^2$，可以推导出

$$\begin{aligned}&\int_{t_k+T}^{t_{k+1}+T}\|\tilde{\boldsymbol{x}}(\tau \mid t_{k+1})\|_Q^2 + \|\tilde{\boldsymbol{u}}(\tau \mid t_{k+1})\|_{\boldsymbol{R}}^2\mathrm{d}\tau \\ &\leqslant \|\tilde{\boldsymbol{x}}(t_k+T \mid t_{k+1})\|_{\boldsymbol{P}}^2 - \|\tilde{\boldsymbol{x}}(t_{k+1}+T \mid t_{k+1})\|_{\boldsymbol{P}}^2\end{aligned} \tag{6-30}$$

对于 ΔV_2，将式(6－30)代入到 ΔV_2，可以得到

$$\begin{aligned}\Delta V_2 &\leqslant \|\tilde{\boldsymbol{x}}(t_k+T \mid t_{k+1})\|_{\boldsymbol{P}}^2 - \|\tilde{\boldsymbol{x}}(t_{k+1}+T \mid t_{k+1})\|_{\boldsymbol{P}}^2 + \\ &\quad \|\tilde{\boldsymbol{x}}(t_{k+1}+T \mid t_{k+1})\|_{\boldsymbol{P}}^2 - \|\boldsymbol{x}^*(t_k+T \mid t_k)\|_{\boldsymbol{P}}^2 \\ &\leqslant \|\tilde{\boldsymbol{x}}(t_k+T \mid t_{k+1})\|_{\boldsymbol{P}}^2 - \|\boldsymbol{x}^*(t_k+T \mid t_k)\|_{\boldsymbol{P}}^2 \\ &\leqslant \bar{\boldsymbol{\lambda}}(\boldsymbol{P})\|\tilde{\boldsymbol{x}}(t_k+T \mid t_{k+1}) - \boldsymbol{x}^*(t_k+T \mid t_k)\|(\|\tilde{\boldsymbol{x}}(t_k+T \mid t_{k+1})\| + \\ &\quad \|\boldsymbol{x}^*(t_k+T \mid t_k)\|)\end{aligned} \tag{6-31}$$

根据式(6－14)和$\|\tilde{\boldsymbol{x}}(t_k+T|t_{k+1})\|\leqslant r$ 以及$\|\boldsymbol{x}^*(t_k+T|t_{k+1})\|\leqslant\varepsilon$，可以得到

$$\Delta V_2 \leqslant (r+\varepsilon)\bar{\lambda}(\boldsymbol{P})\frac{a^2\sigma}{a\sigma-1}\mathrm{e}^{a(T-\sigma)}\theta(\sigma) \tag{6-32}$$

对于 ΔV_3，由于 $\boldsymbol{x}(t_0)\notin\Omega_\varepsilon$，可以得到

$$
\begin{aligned}
\Delta V_3 &\leqslant -\int_{t_k}^{t_{k+1}} \|\boldsymbol{x}^*(\tau \mid t_k)\|_Q^2 \mathrm{d}\tau \\
&\leqslant -\underline{\lambda}(\boldsymbol{Q})\sigma\left(\varepsilon - \frac{a^2\sigma}{a\sigma-1}\theta(\sigma)\right)^2
\end{aligned}
\tag{6-33}
$$

综合以上计算，可以得到

$$
\begin{aligned}
\Delta V &= \Delta V_1 + \Delta V_2 + \Delta V_3 \\
&\leqslant 2\bar{\lambda}(\boldsymbol{Q})\frac{a^2\sigma}{a\sigma-1}\mathrm{e}^{a(T-\sigma)}\theta(\sigma)T\varepsilon\ln\frac{T}{\sigma} + \\
&\quad \bar{\lambda}(\boldsymbol{Q})\left[\frac{a^2\sigma}{a\sigma-1}\mathrm{e}^{a(T-\sigma)}\theta(\sigma)\right]^2(T-\sigma) + \\
&\quad (r+\varepsilon)\bar{\lambda}(\boldsymbol{P})\frac{a^2\sigma}{a\sigma-1}\mathrm{e}^{a(T-\sigma)}\theta(\sigma) - \underline{\lambda}(\boldsymbol{Q})\sigma\left(\varepsilon - \frac{a^2\sigma}{a\sigma-1}\theta(\sigma)\right)^2
\end{aligned}
\tag{6-34}
$$

通过将式(6 - 22)代入式(6 - 34)，可以得到 $\Delta V<0$，由此证明了状态轨迹将在有限时间内收敛到鲁棒终端集 Ω_ε。

接下来，需要证明当 $\boldsymbol{x}(t_0)\in\Omega_\varepsilon$ 时闭环系统的状态将会收敛到时不变集 Ω_γ。

将 $\|\boldsymbol{x}^*(\tau|t_k)\|\leqslant\varepsilon$ 代入式(6 - 27)中可以得到

$$
\begin{aligned}
\Delta V_1 &\leqslant \int_{t_{k+1}}^{t_k+T} 2\bar{\lambda}(\boldsymbol{Q})\frac{a^2\sigma}{a\sigma-1}\mathrm{e}^{a(T-\sigma)}\theta(\sigma)\|\boldsymbol{x}^*(\tau \mid t_k)\|\mathrm{d}\tau + \bar{\lambda}(\boldsymbol{Q})\left[\frac{a^2\sigma}{a\sigma-1}\mathrm{e}^{a(T-\sigma)}\theta(\sigma)\right]^2(T-\sigma) \\
&\leqslant \bar{\lambda}(\boldsymbol{Q})\frac{a^2\sigma}{a\sigma-1}\mathrm{e}^{a(T-\sigma)}\theta(\sigma)(T-\sigma)\left[2\varepsilon + \frac{a^2\sigma}{a\sigma-1}\mathrm{e}^{a(T-\sigma)}\theta(\sigma)\right]
\end{aligned}
\tag{6-35}
$$

式(6 - 33)中的 ΔV_3 可以重新表述为

$$
\begin{aligned}
\Delta V_3 &\leqslant -\int_{t_k}^{t_{k+1}} \|\boldsymbol{x}^*(\tau \mid t_k)\|_Q^2 \mathrm{d}\tau \\
&\leqslant -\underline{\lambda}(\boldsymbol{Q})\sigma\|\boldsymbol{x}^*(t_{k+1} \mid t_k)\|^2
\end{aligned}
\tag{6-36}
$$

基于式(6 - 13)有 $\|\boldsymbol{x}(t_{k+1})-\boldsymbol{x}^*(t_{k+1}|t_k)\|^2\leqslant\left(\frac{a^2\sigma}{a\sigma-1}\theta(\sigma)\right)^2$。因此

$$
\Delta V_3 \leqslant -\underline{\lambda}(\boldsymbol{Q})\sigma\|\boldsymbol{x}(t_{k+1})\|^2 + \underline{\lambda}(\boldsymbol{Q})\sigma\left(\frac{a^2\sigma}{a\sigma-1}\theta(\sigma)\right)^2
\tag{6-37}
$$

因为 ΔV_2 与状态的初始值无关。因此，通过使用式(6 - 35)、式(6 - 32)和式(6 - 37)，可以得到

$$
\begin{aligned}
\Delta V &= \Delta V_1 + \Delta V_2 + \Delta V_3 \\
&\leqslant \bar{\lambda}(\boldsymbol{Q})\frac{a^2\sigma}{a\sigma-1}\mathrm{e}^{a(T-\sigma)}\theta(\sigma)(T-\sigma)\left[2\varepsilon + \frac{a^2\sigma}{a\sigma-1}\mathrm{e}^{a(T-\sigma)}\theta(\sigma)\right] + \\
&\quad (r+\varepsilon)\bar{\lambda}(\boldsymbol{P})\frac{a^2\sigma}{a\sigma-1}\mathrm{e}^{a(T-\sigma)}\theta(\sigma) - \underline{\lambda}(\boldsymbol{Q})\sigma\|\boldsymbol{x}(t_{k+1})\|^2 + \\
&\quad \underline{\lambda}(\boldsymbol{Q})\sigma\left(\frac{a^2\sigma}{a\sigma-1}\theta(\sigma)\right)^2
\end{aligned}
\tag{6-38}
$$

这里 $\Delta V<0$，即代价函数是递减的。这意味着状态将会收敛到时不变集 Ω_γ，其中

$$\gamma^2=\frac{\bar{\lambda}(\boldsymbol{Q})}{\underline{\lambda}(\boldsymbol{Q})}\frac{a^2}{a\sigma-1}\mathrm{e}^{a(T-\sigma)}\theta(\sigma)(T-\sigma)\left[2\varepsilon+\frac{a^2\sigma}{a\sigma-1}\mathrm{e}^{a(T-\sigma)}\theta(\sigma)\right]+$$
$$(r+\varepsilon)\frac{\bar{\lambda}(\boldsymbol{P})}{\underline{\lambda}(\boldsymbol{Q})}\frac{a^2}{a\sigma-1}\mathrm{e}^{a(T-\sigma)}\theta(\sigma)+\left(\frac{a^2\sigma}{a\sigma-1}\theta(\sigma)\right)^2 \tag{6-39}$$

通过对以上两部分的总结，稳定性证明完成。

6.4　仿真验证

6.4.1　基于线性数值系统的仿真验证

本节将积分型事件触发模型预测控制算法和双模控制策略应用于一个二阶线性时不变的数值系统，并与传统的基于周期性时间触发的模型预测控制算法以及线性系统事件触发模型预测控制算法进行比较。

针对数值仿真，考虑接下来的具有有界扰动的约束连续线性时不变系统：

$$\dot{\boldsymbol{x}}(t)=\begin{bmatrix}0.5 & -0.35\\0.16 & 0.02\end{bmatrix}\boldsymbol{x}(t)+\begin{bmatrix}0.2\\-0.04\end{bmatrix}\boldsymbol{u}(t)+\begin{bmatrix}0.25\\0.25\end{bmatrix}\boldsymbol{\omega}(t) \tag{6-40}$$

其中，$\boldsymbol{A}=\begin{bmatrix}0.5 & -0.35\\0.16 & 0.02\end{bmatrix}$，$\boldsymbol{B}=\begin{bmatrix}0.2\\-0.04\end{bmatrix}$，$\boldsymbol{E}=\begin{bmatrix}0.25\\0.25\end{bmatrix}$。$\boldsymbol{x}(t)$是状态量，$\boldsymbol{u}(t)$是控制量，$\boldsymbol{\omega}(t)$是随机有界干扰，其上界由$\|\boldsymbol{\omega}(t)\|\leqslant\eta$定义。初始状态设定为$\boldsymbol{x}_0=[0.845,\ 1]^{\mathrm{T}}$，控制输入约束设定为$\|\boldsymbol{u}(t)\|\leqslant 2$。选择加权矩阵$\boldsymbol{Q}=\begin{bmatrix}2.5 & 0\\0 & 2.5\end{bmatrix}$和$R=0.1$。设计状态反馈增益为$\boldsymbol{K}=[-6.6005,\ 0.5748]$，根据引理6.1，相应的$\boldsymbol{P}$矩阵被设计为$\boldsymbol{P}=\begin{bmatrix}0.4914 & -0.4333\\-0.4333 & 2.3970\end{bmatrix}$。

对于前面设计的积分型事件触发模型预测控制算法，设定预测时域为$T=5$ s，采样时间为$\Delta t=0.2$ s，采样仿真过程时间为50 s。接下来对系统参数进行计算和设定。

对于本章的积分型事件触发模型预测控制，根据定理6.2，鲁棒终端域被设计为$\Omega_\varepsilon=\{\boldsymbol{x}\mid\|\boldsymbol{x}(t)\|\leqslant 0.25\}$，即$\varepsilon=0.25$，此外通过计算后选择$\sigma=3.5$ s，以满足可行性参数要求。最大允许干扰为$\eta_{\max}=3.434\times10^{-3}$，基于此，构造干扰为$\eta=1\times10^{-3}$，根据积分型事件触发机制可以得到触发阈值为$\theta(\sigma)=5.16\times10^{-3}$。

对连续线性系统采用前向欧拉法进行离散化处理以满足仿真要求，式(6-1)可以写为

$$\dot{\boldsymbol{x}}(t)=\frac{\boldsymbol{x}(t+1)-\boldsymbol{x}(t)}{\Delta t}=\boldsymbol{A}\boldsymbol{x}(t)+\boldsymbol{B}\boldsymbol{u}(t)+\boldsymbol{E}\boldsymbol{\omega}(t) \tag{6-41}$$

变形可得

$$\boldsymbol{x}(t+1)=(\boldsymbol{I}+\Delta t\boldsymbol{A})\boldsymbol{x}(t)+\Delta t\boldsymbol{B}\boldsymbol{u}(t)+\Delta t\boldsymbol{E}\boldsymbol{\omega}(t) \tag{6-42}$$

因此，离散化后的系统模型为

$$\boldsymbol{x}(t+1)=\begin{bmatrix}1+0.5\Delta t & -0.35\Delta t\\ 0.16\Delta t & 1+0.02\Delta t\end{bmatrix}\boldsymbol{x}(t)+\begin{bmatrix}0.2\Delta t\\ -0.04\Delta t\end{bmatrix}\boldsymbol{u}(t)+\begin{bmatrix}0.25\Delta t\\ 0.25\Delta t\end{bmatrix}\boldsymbol{\omega}(t) \tag{6-43}$$

其中，Δt 为采样时间。

在系统参数相同的情况下，将算法 6.1 与传统的时间触发的模型预测控制算法和事件触发模型预测控制算法进行了比较，仿真结果如图 6-1 所示。

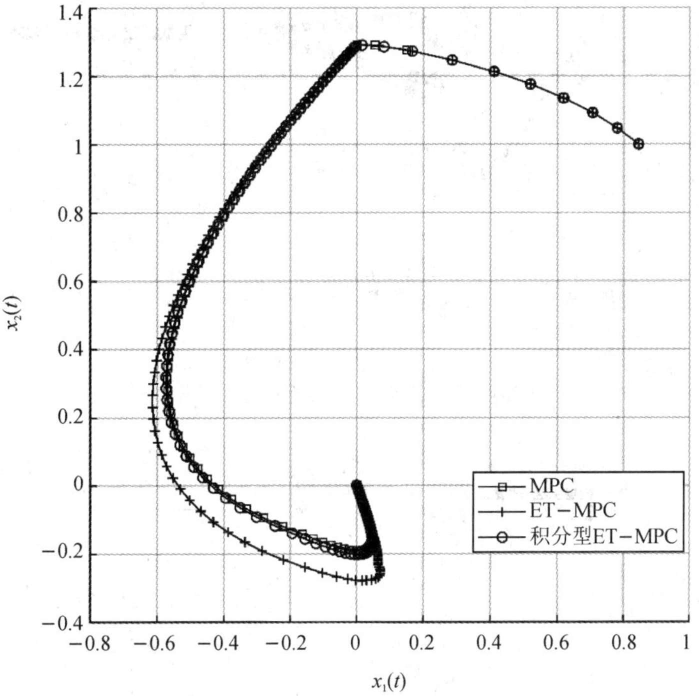

图 6-1　状态 x_1/x_2 轨迹比较

图 6-1 中展示的是在三种控制算法下，形成的状态轨迹形状。MPC 代表模型预测控制，ET-MPC 代表事件触发模型预测控制，积分型 ET-MPC 代表积分型事件触发模型预测控制。

图 6-2 中展示的是系统状态分量 x_1 和 x_2 在三种控制算法下的各自轨迹形状。

图 6-3 中展示的是在三种控制算法下，系统控制输入的轨迹形状。

图 6-4 中展示的是事件触发模型预测控制和积分型事件触发模型预测控制在控制过程中各自触发的瞬间。

通过对三种控制算法的状态轨迹和控制输入轨迹以及触发瞬间的比较，可以得到以下结论。

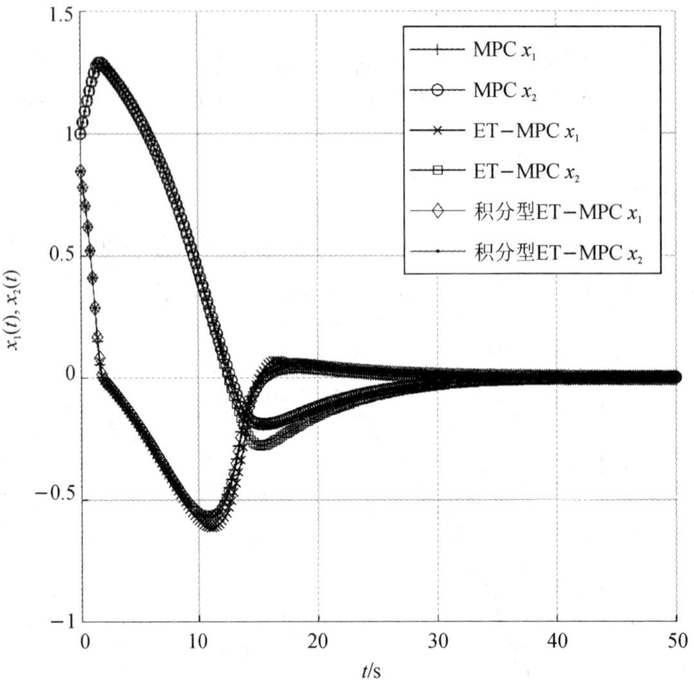

图 6-2　状态 x_1 和 x_2 的轨迹对比

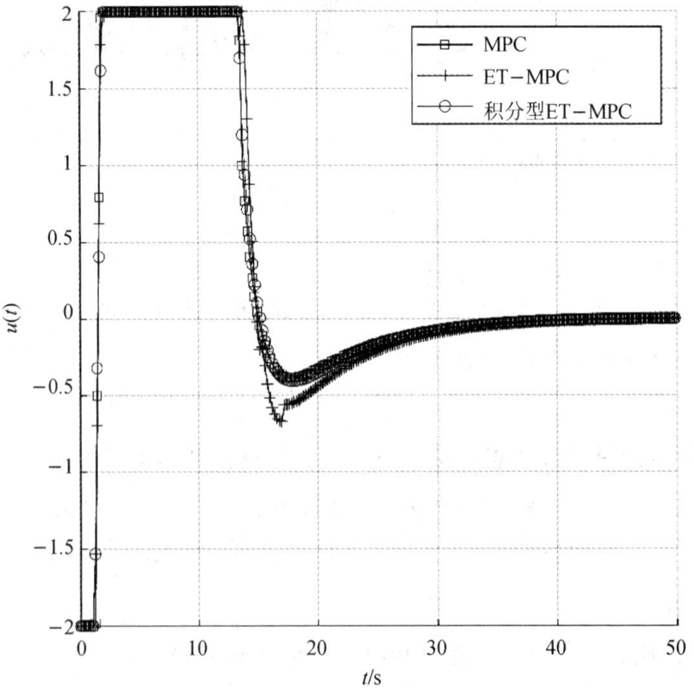

图 6-3　控制输入轨迹比较

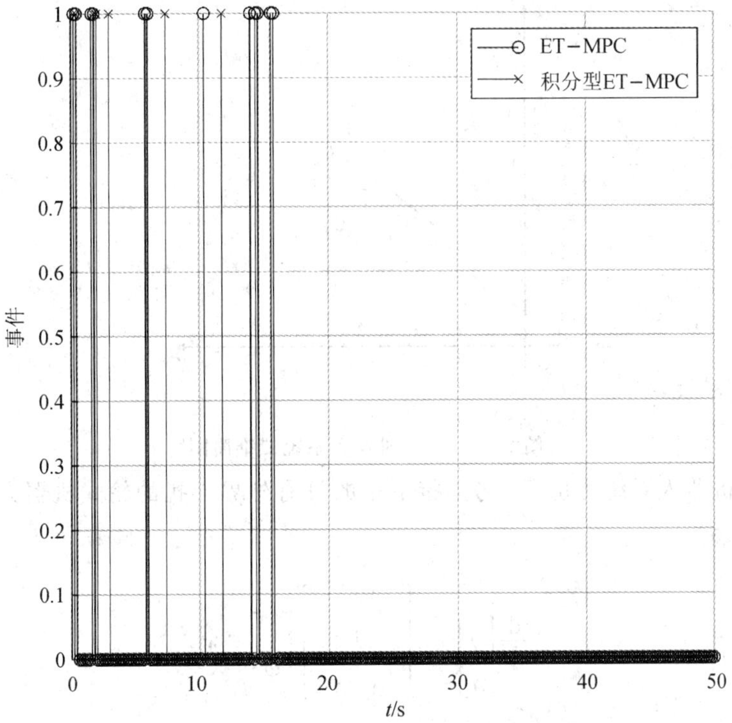

图 6-4　触发瞬间比较

三种控制算法结合状态反馈控制的双模控制策略都能使系统达到稳定状态。以周期型时间触发的模型预测控制算法计算的轨迹和输入作为对比对象，可以发现事件触发模型预测控制能够保证系统稳定，通过减少触发次数使计算负载降低，从而减少了通信资源的使用，但其在一些时刻的控制性能降低了；积分型事件触发模型预测控制在保证系统稳定的同时，保证了控制性能，也能够通过减少触发次数使计算负载降低以及减少通信资源的过度使用。在三种策略切换到状态反馈控制律之前，模型预测控制在每个采样时刻都触发，而事件触发模型预测控制和积分型事件触发模型预测控制只在相应的时刻才触发，通过计算可以得到，事件触发模型预测控制使系统计算负载降低了 82.3%，而积分型事件触发模型预测控制使系统计算负载降低了 89.7%，在保证控制性能和系统稳定性的前提下，能减少更多的计算负载和通信资源的过度使用。当系统状态进入鲁棒终端区域时，三种控制策略都通过状态反馈律和扰动上界保证了系统的闭环稳定性和收敛精度。

6.4.2　基于轮式机器人系统的仿真验证

本节将积分型事件触发模型预测控制算法应用于轮式机器人车辆系统(其系统简图如图 6-5所示)，并与传统的时间触发的模型预测控制算法相比较。

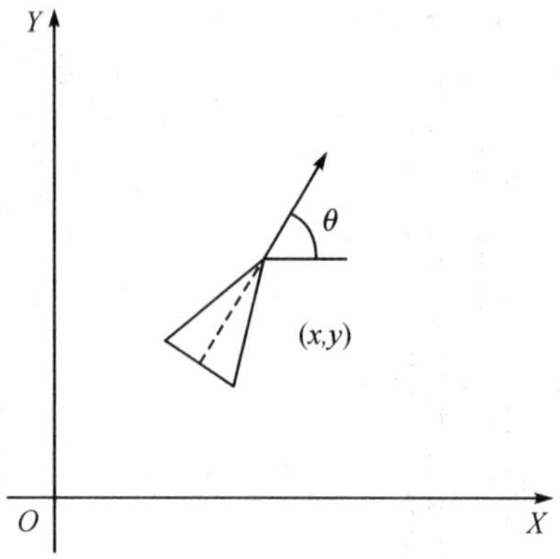

图 6-5 轮式机器人系统二维简图

针对轮式机器人系统的仿真，考虑接下来的具有外界干扰的轮式机器人系统，其动力学方程如下所示：

$$\frac{\mathrm{d}}{\mathrm{d}t}\begin{bmatrix} x \\ y \\ \theta \end{bmatrix} = \begin{bmatrix} \cos\theta & 0 \\ \sin\theta & 0 \\ 0 & 1 \end{bmatrix}\begin{bmatrix} v \\ \omega \end{bmatrix} + \boldsymbol{w} \tag{6-44}$$

定义 $\boldsymbol{X}=[x \quad y \quad \theta]^{\mathrm{T}}$ 为状态量，其中车辆在二维平面内的位置由 $[x, y]$ 表示，θ 代表车辆运动方向。$\boldsymbol{w}$ 是系统所受干扰。$\boldsymbol{u}=[v, \omega]^{\mathrm{T}}$ 是控制输入量，控制输入约束分别设定为 $-1.5 \leqslant v \leqslant 1.5$ 和 $-0.5 \leqslant \omega \leqslant 0.5$。车辆初始状态设定为 $\boldsymbol{X}_0=[-5, 4, -\pi/2]^{\mathrm{T}}$，系统目标为原点。选择加权矩阵 $\boldsymbol{Q}=\begin{bmatrix} 0.1 & 0 & 0 \\ 0 & 0 & 0.1 \\ 0 & 0 & 0.1 \end{bmatrix}$，$R=0.05$，相应的 $\boldsymbol{P}$ 矩阵被设计为 $\boldsymbol{P}=\begin{bmatrix} 10 & 0 & 0 \\ 0 & 10 & 0 \\ 0 & 0 & 10 \end{bmatrix}$。

设定系统的预测时域为 $T=2$ s，采样时间为 $\Delta t=0.1$ s，整个采样仿真过程时间为 11 s。接下来，对系统参数进行计算和设定。设计鲁棒终端域为 $\Omega_\varepsilon=\{\boldsymbol{x} \mid \|\boldsymbol{x}(t)\| \leqslant 0.4\}$，即 $\varepsilon=0.4$，此外通过计算选择最小事件间隔时间 $\sigma=1.2$ s，以满足可行性参数要求。因此最大允许干扰被计算为 $\|\boldsymbol{w}\|_{\max}=5\times10^{-3}$。基于此，可以选择加性干扰为 $\|\boldsymbol{w}\|=1\times10^{-3}$，根据事件触发机制可以得到触发水平为 $\theta(\sigma)=7.5\times10^{-3}$。

同样，需对式(6-5)中的连续系统进行离散化处理。式(6-44)可以写为如下形式：

$$\begin{cases} \dot{x}(t) = \cos\theta(t) \cdot v(t) + w(t) \\ \dot{y}(t) = \sin\theta(t) \cdot v(t) + w(t) \\ \dot{\theta}(t) = \omega(t) + w(t) \end{cases} \tag{6-45}$$

同理，采用前向欧拉法对模型进行离散化处理，式(6-45)可以写为如下形式：

$$\begin{cases}\dot{x}(t)=\dfrac{x(t+1)-x(t)}{\Delta t}=\cos\theta(t)\cdot v(t)+w(t)\\ \dot{y}(t)=\dfrac{y(t+1)-y(t)}{\Delta t}=\sin\theta(t)\cdot v(t)+w(t)\\ \dot{\theta}(t)=\dfrac{\theta(t+1)-\theta(t)}{\Delta t}=\omega(t)+w(t)\end{cases}\tag{6-46}$$

变形可得离散化模型为

$$\begin{cases}x(t+1)=x(t)+\Delta t\cdot\cos\theta(t)\cdot v(t)+\Delta t\cdot w(t)\\ y(t+1)=y(t)+\Delta t\cdot\sin\theta(t)\cdot v(t)+\Delta t\cdot w(t)\\ \theta(t+1)=\theta(t)+\Delta t\cdot\omega(t)+\Delta t\cdot w(t)\end{cases}\tag{6-47}$$

其中，Δt 为采样时间。

在系统参数相同的情况下，将积分型事件触发模型预测控制算法与传统的时间触发的模型预测控制算法进行了比较，仿真结果如下。

图 6-6 中展示的是在两种控制算法下机器人运动形成的状态轨迹形状。MPC 代表模型预测控制，积分型 ET-MPC 代表积分型事件触发模型预测控制。

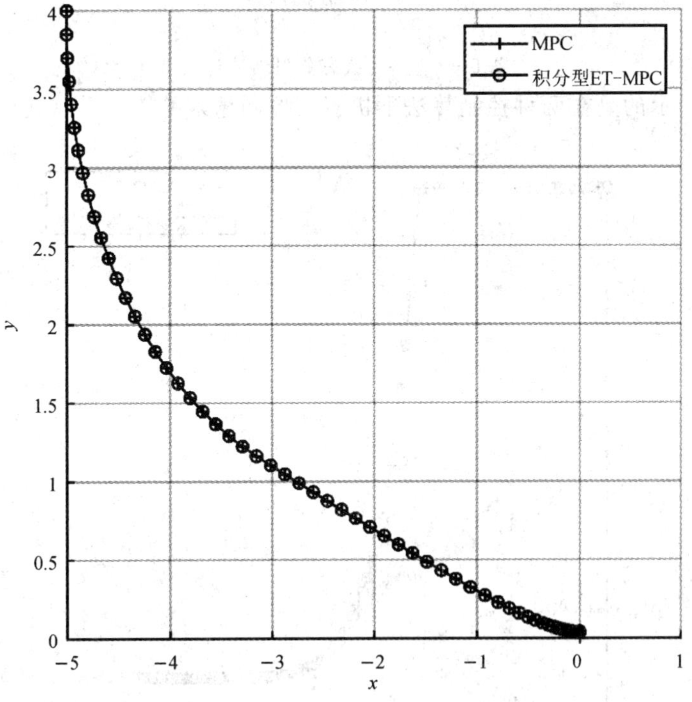

图 6-6　运动状态轨迹比较

图 6-7 中展示的是在两种控制算法下机器人状态分量 x、y、θ 的轨迹形状比较。

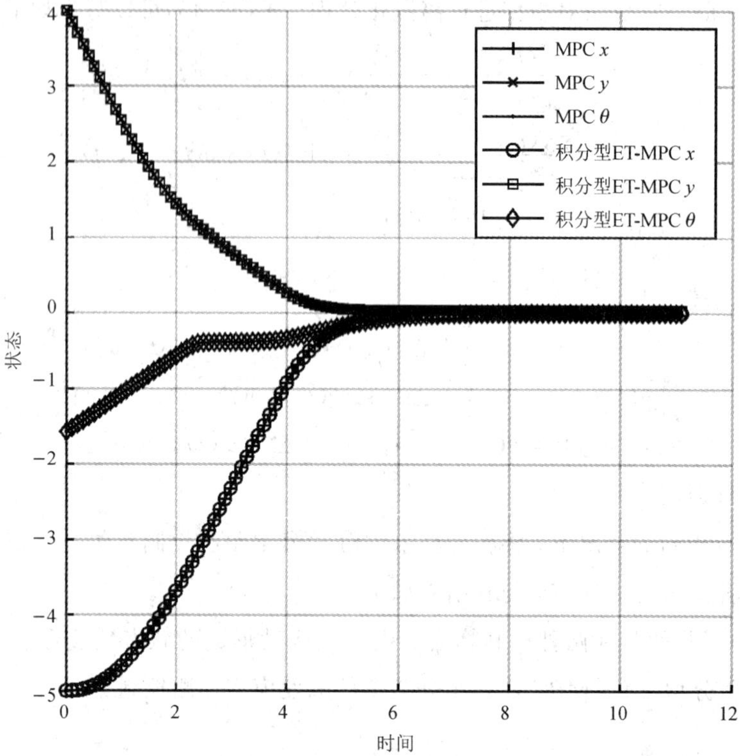

图 6－7　运动状态分量轨迹比较

图 6－8 中展示的是在两种控制算法下机器人控制输入的轨迹形状比较。

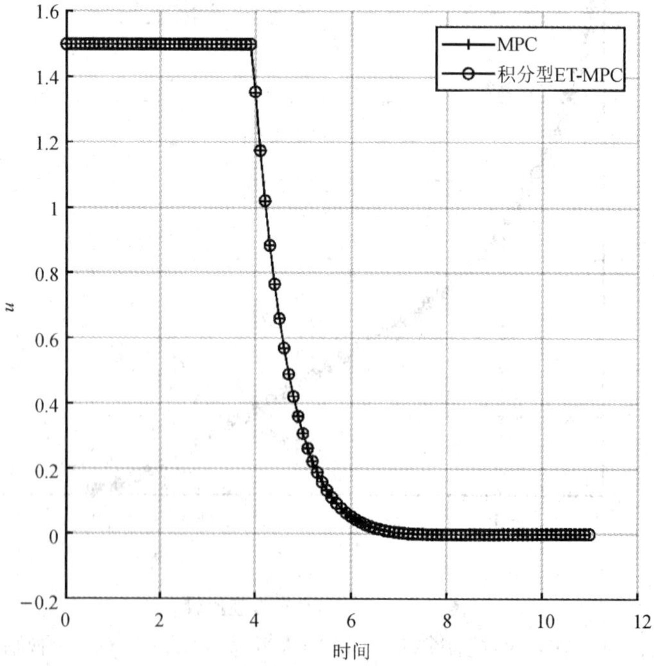

图 6－8　控制输入轨迹比较

图 6-9 中展示的是在积分型事件触发模型预测控制算法下控制系统触发的瞬间。

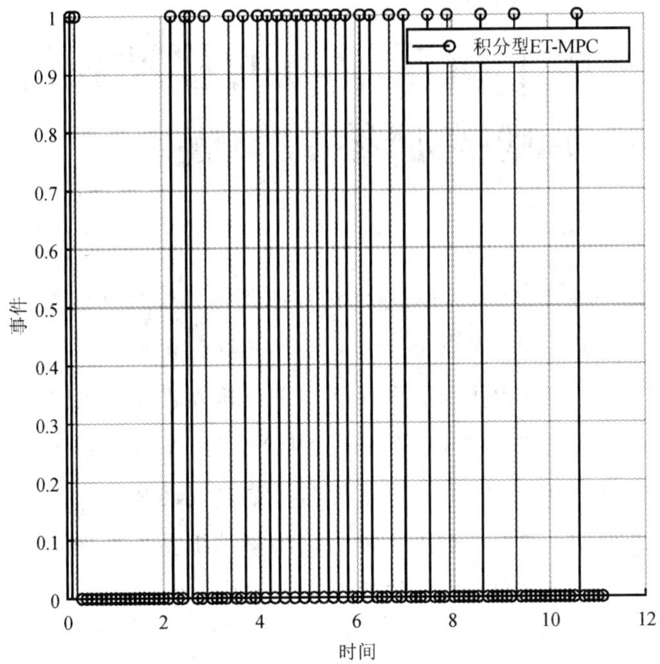

图 6-9　触发瞬间

通过对基于时间的模型预测控制算法和积分型事件触发模型预测控制算法下的状态轨迹和控制输入轨迹以及触发瞬间的比较，可以得到以下结论。

以周期性时间触发的模型预测控制算法计算的轨迹和输入作为对比对象，可以发现积分型事件触发模型预测控制的控制性能和控制输入与时间触发的模型预测控制基本相同。在相同条件和控制性能下，与传统的时间触发的模型预测控制相比，积分型事件触发模型预测控制触发次数降低了 75.5%，使得求解优化问题的次数减少，使系统可以减少状态采样、优化求解和信息传输的频率，进而可减少计算量和资源的过度使用，以达到高效控制的目标。

本章小结

在本章中，首先设计了一种基于积分型事件触发的模型预测控制算法，其触发条件是由真实状态和最优预测状态差值的积分决定的，能够有效地减少计算量、提高通信资源的利用率。随后，理论上证明了该算法的迭代可行性和闭环系统的渐进稳定性。最后，分别通过线性数值系统和常规的轮式机器人系统进行了仿真，并对比了传统的基于周期性时间触发的模型预测控制和积分型事件触发的模型预测控制，在仿真结果的基础上也进行了深入分析。通过两个仿真验证了本章提出的算法的有效性。

第7章 基于机器学习的移动机器人模型预测控制参数整定

模型预测控制是一种基于模型的闭环优化控制策略，在工业生产过程控制、机器人控制等领域应用广泛。对于基于模型预测控制器的轮式移动机器人路径跟踪算法，由于模型预测控制器的参数繁多，往往由于参数设置不当造成机器人系统的路径跟踪性能不佳。本章针对这一问题，提出了把调节时间比和稳态达成距离比作为参数整定新的指标[62]，并结合这两个指标，用机器学习的方法建立了指标与参数之间的映射关系，最后获得了一种新型模型预测控制参数整定的方法。通过实际的轮式移动机器人系统开展实验验证，证明了此方法相对于其他方法，在参数整定的快速性和有效性上得到了显著提升。

7.1 问题描述

在路径跟踪实验中，将机器人看作一个点，用(X, Y)表示机器人的位置，φ 表示机器人的航向角，便可得到机器人的位姿 $\boldsymbol{x}=[X, Y, \varphi]^{\mathrm{T}}$，如图 7-1 所示。

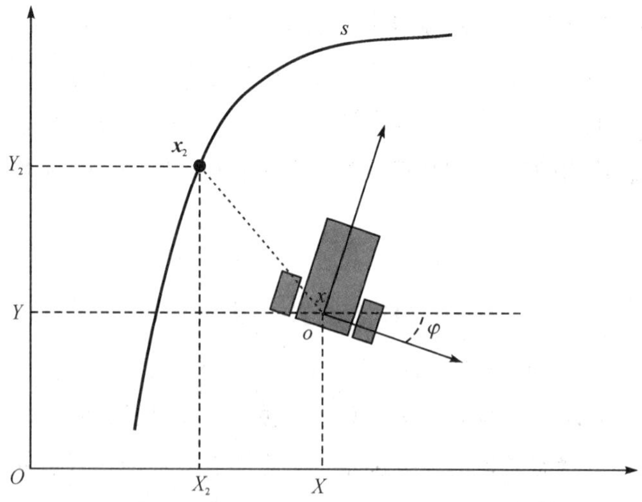

图 7-1 二维坐标系示意图

设 $\boldsymbol{x}_2=[X_2, Y_2, \varphi_2]^{\mathrm{T}}$ 为所要跟踪的目标的位姿。进行由地图坐标系至机器人坐标系的坐标变换，建立状态偏差模型：

$$\boldsymbol{x}_e = \begin{bmatrix} X_e \\ Y_e \\ \varphi_e \end{bmatrix} = \begin{bmatrix} \cos\varphi & \sin\varphi & 0 \\ -\sin\varphi & \cos\varphi & 0 \\ 0 & 0 & 1 \end{bmatrix} \begin{bmatrix} X_2 - X \\ Y_2 - Y \\ \varphi_2 - \varphi \end{bmatrix} \tag{7-1}$$

移动机器人的路径跟踪问题可以描述为，给定一条参考路径，通过设计控制方案，使机器人的路径跟踪偏差 $\boldsymbol{x}_e$ 不断趋近于 $\mathbf{0}$。

7.2　基于预测控制的机器人路径跟踪算法

7.2.1　轮式移动机器人的运动学建模

想要实现轮式移动机器人的模型预测控制，首先需要建立机器人的运动学模型。

为了方便计算，设定机器人控制中心位于两个差分驱动轮的中心。用 v 表示速度，ω 表示角速度。机器人的运动学模型为

$$\dot{\boldsymbol{x}} = \begin{bmatrix} \dot{X} \\ \dot{Y} \\ \dot{\varphi} \end{bmatrix} = \begin{bmatrix} v\cos\varphi \\ v\sin\varphi \\ \omega \end{bmatrix} \tag{7-2}$$

偏差运动学模型可具体表示为

$$\dot{\boldsymbol{x}}_e = \begin{bmatrix} -X_2\sin\varphi + Y_2\cos\varphi - v \\ (X - X_2)\cos\varphi + (Y - Y_2)\sin\varphi \\ -\omega \end{bmatrix} \tag{7-3}$$

预测控制器输出 $\boldsymbol{u} = [v,\ \omega]^{\mathrm{T}}$。机器人采用差分驱动，预测控制器的输出 $\boldsymbol{u}$ 需要转换成 $\boldsymbol{u}_2 = [v_l,\ v_r]^{\mathrm{T}}$ 的形式才能实现最终的控制，得

$$\boldsymbol{u}_2 = \begin{bmatrix} v_l \\ v_r \end{bmatrix} = \begin{bmatrix} 1 \\ 1 \end{bmatrix} v + \begin{bmatrix} -1 \\ 1 \end{bmatrix} \frac{d}{2}\omega \tag{7-4}$$

其中，v_l 和 v_r 分别为机器人左轮和右轮的线速度，d 为左右驱动轮之间的轮距。

7.2.2　基于预测控制的路径跟踪算法设计

对于轮式移动机器人系统，预测控制就是在适当的预测步长 $1 \leqslant k \leqslant N$ 内，求解以下优化问题：

$$\min_{\boldsymbol{u}_{t+k,t},\ \boldsymbol{x}_{t+k,t}} \ J_N(\boldsymbol{x}_{t+k,t},\ \boldsymbol{u}_{t+k,t}) \tag{7-5}$$

$$\boldsymbol{x}_{t+k+1,t} = f(\boldsymbol{x}_{t+k,t},\ \boldsymbol{u}_{t+k,t})$$

$$\boldsymbol{x}_{t+k,t} \in \Gamma$$

$$\boldsymbol{u}_{t+k,\,t} \in \psi$$

其中，t 为当前时刻，k 为预测步数，Γ 与 ψ 分别为状态和输入约束。

优化目标函数 J_N 具体表示如下：

$$J_N = \sum_{k=t}^{t+N-1} \boldsymbol{x}_{\mathrm{e}}^{\mathrm{T}} \boldsymbol{Q} \boldsymbol{x}_{\mathrm{e}} + \Delta \boldsymbol{u}^{\mathrm{T}} \boldsymbol{R} \Delta \boldsymbol{u} + \boldsymbol{u}_{\mathrm{e}}^{\mathrm{T}} \boldsymbol{M} \boldsymbol{u}_{\mathrm{e}} \tag{7-6}$$

其中，$\boldsymbol{Q}$ 是路径偏差权值系数，影响机器人对参考路径的跟踪能力；$\boldsymbol{R}$ 是控制加量权值系数，影响机器人保持稳定的能力；$\boldsymbol{M}$ 是控制偏差权值系数，影响机器人实际控制量达到预设指标的能力。

假定以上优化问题存在一个解，通过求解该问题，得到最优控制序列：

$$\boldsymbol{U}_t^* = [\boldsymbol{u}_{t,\,t}^*, \cdots, \boldsymbol{u}_{t+N-1,\,t}^*] \tag{7-7}$$

模型预测控制是滚动优化的控制，也就是在得到最优控制序列后，将最优控制序列的第一个控制量施加给机器人，即

$$\boldsymbol{u}(t) = \boldsymbol{u}_{t,\,t}^* \tag{7-8}$$

在下一个时刻，机器人系统获得新的状态，将新的状态作为初始状态，重新计算上述优化问题并施加控制，不断循环下去，直至控制过程全部结束。

7.3 基于机器学习的参数整定算法

7.3.1 参数整定指标设计

基于机器学习的参数整定算法的目的是对模型预测控制器进行参数整定，而进行参数整定首先需要确定能够反映预测控制器参数整定效果的控制指标。

在轮式移动机器人的路径跟踪控制中，可以得到控制时间 t、横向偏差 D、航偏角 θ 和速度 v 等多个特征状态量。综合以上状态量，可以设定达成稳态的最终控制目标。为了判断机器人是否达成稳态，设定几个阈值：横向偏差阈值 D_{L}、航偏角阈值 θ_{L} 与速度偏差阈值 v_{L}。

假设 7.1 当机器人的横向偏差的绝对值首次小于横向偏差阈值时（$|D| \leqslant D_{\mathrm{L}}$），机器人实现路径跟踪。

这时无法判断机器人是否会再次偏离路径，需要引入其他特征量，以保证机器人稳定行驶在路径上。

假设 7.2 当机器人横向偏差的绝对值小于横向偏差阈值，且航偏角的绝对值小于航偏角阈值，且速度与预设速度之差的绝对值小于速度偏差阈值时（$|D| \leqslant D_{\mathrm{L}}$）$\cap$（$|\theta| \leqslant \theta_{\mathrm{L}}$）$\cap$（$|v - v_2| \leqslant v_{\mathrm{L}}$），机器人达成稳态。

机器人达成稳态的时间设为调节时间 t_{s}，跟踪上路径到达成稳态之间的时间设为振荡

时间 t_o，如图 7－2 所示。

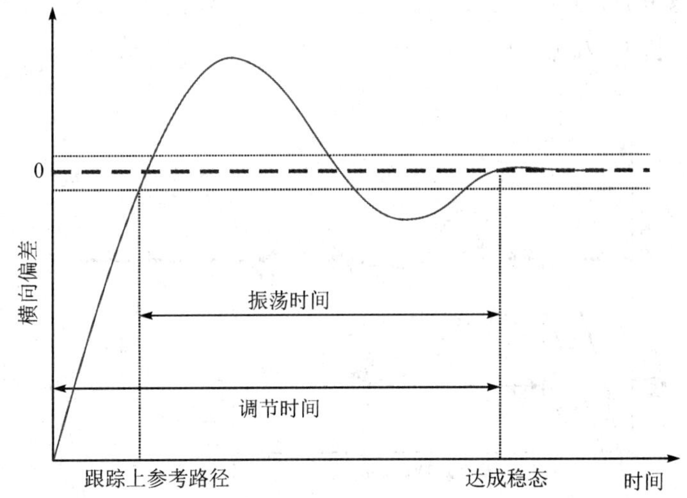

图 7－2　路径跟踪状况示意图

定义 7.1　调节时间比 R_t 表示路径跟踪实验中调节时间与初始横向偏差的比值，即

$$R_t = \frac{t_s}{D_0} \tag{7-9}$$

将比值作为性能指标可以更好地适应初始横向偏差不同的情景。选取调节时间比 R_t 作为性能指标 1，振荡时间 t_o 作为性能指标 2。

图 7－3 表示两个机器人的状态量随时间变化的关系，由此图只知机器人达成稳态的时间，却不知两个机器人达成稳态时移动距离的差别。

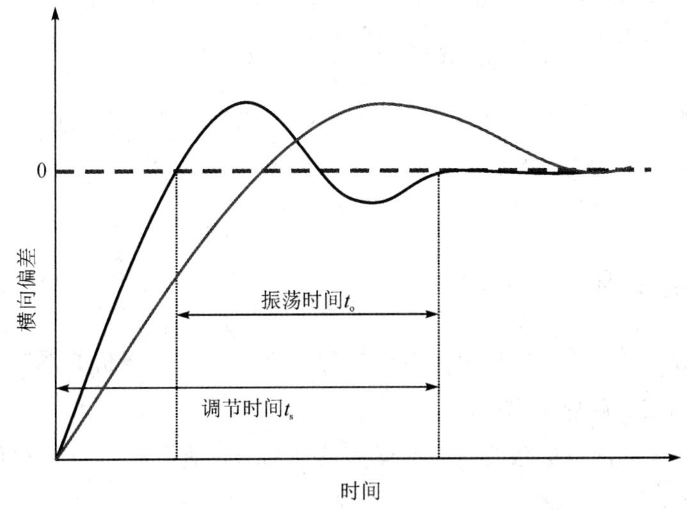

图 7－3　路径跟踪横向偏差随时间变化

在轨迹图(图 7－4)中，可知两条轨迹达成稳态时移动的距离，但由于速度未知，无法

判断哪条轨迹移动得更快。在实际的机器人路径跟踪控制中，经常会遇到地形限制等因素，不仅要求在尽可能短的时间内，也要求在尽可能短的距离内达成稳态。为了适应这种状况，提出稳态达成距离比 R_d 和振荡距离 d_o 两个新指标。

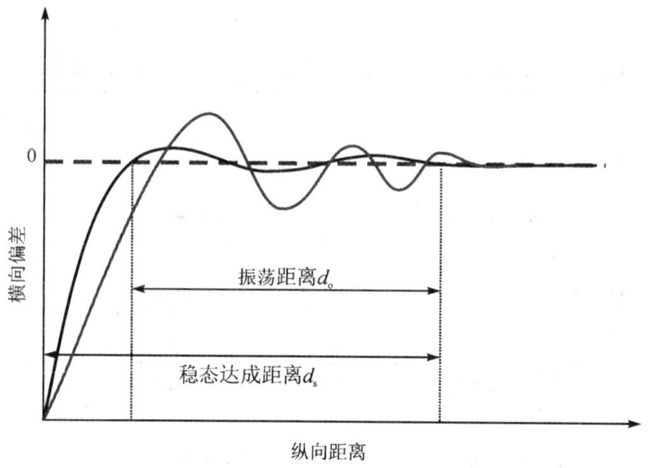

图 7-4　路径跟踪横向偏差随纵向距离变化

定义 7.2　稳态达成距离比 R_d 表示机器人在调节时间内沿着路径切线方向移动的距离与初始横向偏差的比值，即

$$R_d = \frac{\int_0^{St} v\cos\theta \mathrm{d}t}{D_0} \tag{7-10}$$

选取稳态达成距离比 R_d 作为性能指标 3，振荡距离 d_o 作为性能指标 4。

定义 7.3　振荡距离 d_o 表示机器人在振荡时间里沿着路径切线方向移动的距离，即

$$d_o = \int_{t_s - t_o}^{t_s} v\cos\theta \mathrm{d}t \tag{7-11}$$

四个指标相配合，可以更全面地反映路径跟踪的效果。调节时间比 R_t 和稳态达成距离比 R_d 可以反映跟踪路径的总体能力。振荡时间 t_o 与振荡距离 d_o 更着重于反映系统的稳定性。

7.3.2　神经网络设计

当预测控制存在约束时，所提出性能指标与控制参数间的解析关系难以获得，因此可选用神经网络来描述其映射关系。

根据经验法，选取网络层数为 3 层，学习率为 0.1，随机赋予初始权值。传递函数用 Sigmoid 函数，表达式为

$$f(x) = \frac{1}{1 + \mathrm{e}^{-x}} \tag{7-12}$$

参数整定的指标作为输入层数据。由上节可知，参数整定的特征指标包括调节时间比

R_t、稳态达成距离比 R_d、振荡时间 t_o 和振荡距离 d_o。输入层表达式为

$$\boldsymbol{O}^{(1)}=[x_1, x_2, x_3, x_4]=[R_t, R_d, t_o, t_d] \tag{7-13}$$

根据经验公式，选取隐含层节点数为 4，表达式为

$$\begin{cases}\mathbf{net}_j^{(2)}(k)=\sum_{i=1}^{4} w_{ij}^{(2)}\boldsymbol{O}_i^{(1)} \\ \boldsymbol{O}_j^{(2)}(k)=f(\mathbf{net}_j^{(2)}(k))\end{cases} \tag{7-14}$$

式中，$w_{ij}^{(2)}$ 为隐含层加权系数。

神经网络的目的是寻找最优的模型预测控制参数，使机器人能够稳定快速地沿给定轨迹运行，即是利用最优的预测控制参数改进预测控制器的动态和静态性能。在机器人的预测控制中，控制器的参数包括预测步长 $\boldsymbol{P}$、路径偏差权值系数 $\boldsymbol{Q}$、控制加量权值系数 $\boldsymbol{R}$ 和控制偏差权值系数 $\boldsymbol{M}$，作为神经网络的输出数据。输出层表达式为

$$\begin{cases}\mathbf{net}_l^{(3)}(k)=\sum_{j=1}^{4} w_{jl}^{(3)}\boldsymbol{O}_j^{(2)} \\ \boldsymbol{O}_l^{(3)}(k)=f(\mathbf{net}_l^{(3)}(k)) \\ \boldsymbol{O}^{(3)}=[y_1, y_2, y_3, y_4]=[\boldsymbol{P}, \boldsymbol{Q}, \boldsymbol{R}, \boldsymbol{M}]\end{cases} \tag{7-15}$$

神经网络的结构图如图 7-5 所示。

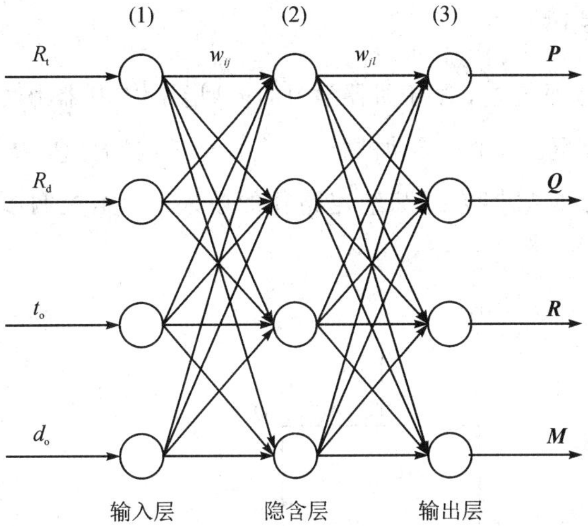

图 7-5　神经网络结构图

每一组控制参数的改变都将获得一组特征数据样本，将这些特征数据作为评判机器人跟踪性能的指标，随后通过不断改变控制参数，获得特征数据的样本集。每组对应的特征数据和控制参数分别将作为神经网络的输入数据与输出数据进而训练整个网络。伪代码如表 7-1 所示。

表 7-1　产生原始数据样本集的控制算法

算法 7.1　产生原始数据样本集

输入：控制器参数 $\boldsymbol{P}$、$\boldsymbol{Q}$、$\boldsymbol{R}$、$\boldsymbol{M}$

输出：训练样本集

begin

dataset=zeros(8,D)

　for $\boldsymbol{P}\leftarrow P_1$ to P_2

　　for $\boldsymbol{Q}\leftarrow Q_1$ to Q_2

　　　for $\boldsymbol{R}\leftarrow R_1$ to R_2

　　　　for $\boldsymbol{M}\leftarrow M_1$ to M_2

　　　　　do 预测控制算法模块

　　　　　　获得样本集合($\boldsymbol{R}_t$, $\boldsymbol{R}_d$, t_o, $\boldsymbol{d}_o$, $\boldsymbol{P}$, $\boldsymbol{Q}$, $\boldsymbol{R}$, $\boldsymbol{M}$)

end

D 为训练样本总数。样本中控制参数的选取方法为根据经验法，选取一组经验值(15，100，10，10)，再以经验值为中心，在 20%的范围内通过网格法取值。P_1 取值为 12，P_2 取值为 18，Q_1 取值为 80，Q_2 取值为 120，R_1 取值为 8，R_2 取值为 12，M_1 取值为 8，M_2 取值为 12。

7.3.3　参数整定算法

在轮式移动机器人系统中，基于机器学习的模型预测控制器由两部分构成：

(1) 模型预测控制器。对轮式移动机器人进行闭环控制，$\boldsymbol{P}$、$\boldsymbol{Q}$、$\boldsymbol{R}$、$\boldsymbol{M}$ 为控制器的参数。

(2) 神经网络。根据机器人跟踪给定路径的效果，调整控制参数，使之达到既定的要求。

控制器结构如图 7-6 所示。

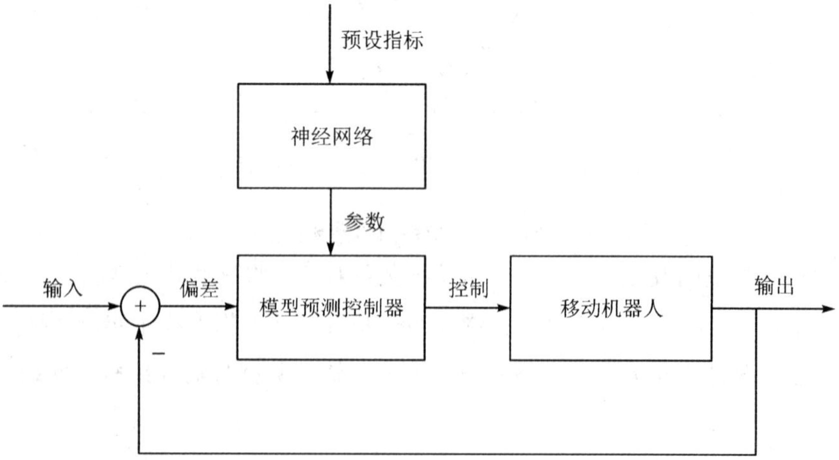

图 7-6　控制器结构图

采用了模块化设计思想，模型预测控制器与神经网络分为两个独立的模块。使用时可以根据具体使用情况决定是否使用神经网络模块进行参数整定。

设计思路为把神经网络模块加到一个完整的预测控制系统上，这个系统为包括了控制器和被控对象的闭环反馈控制系统。先通过经验法寻找预测控制器的相对较优参数；然后通过离线的测试，提取表征系统控制性能的特征指标(调节时间比 R_t、稳态达成距离比 R_d、振荡时间 t_o 和振荡距离 d_o)，建立样本集，训练神经网络，使其能够处理新输入的特征指标，并输出合理的控制参数。

参数整定流程图如图 7－7 所示。

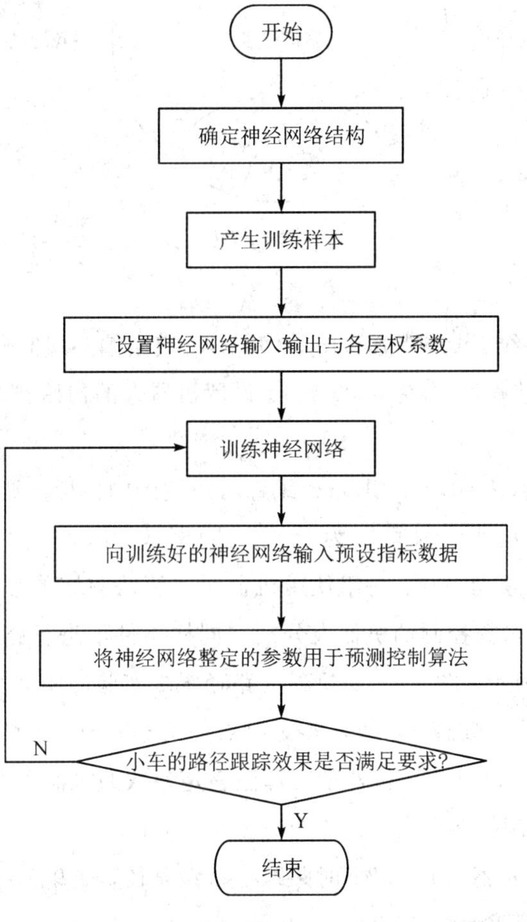

图 7－7　参数整定流程

7.4　仿真验证

本次实验平台为差分控制轮式移动机器人，底层控制器选用 STM32F103 单片机，进行直流电机的速度闭环控制。上位机使用 ROS 系统进行复杂的运算。软件结构如图 7－8 所示。

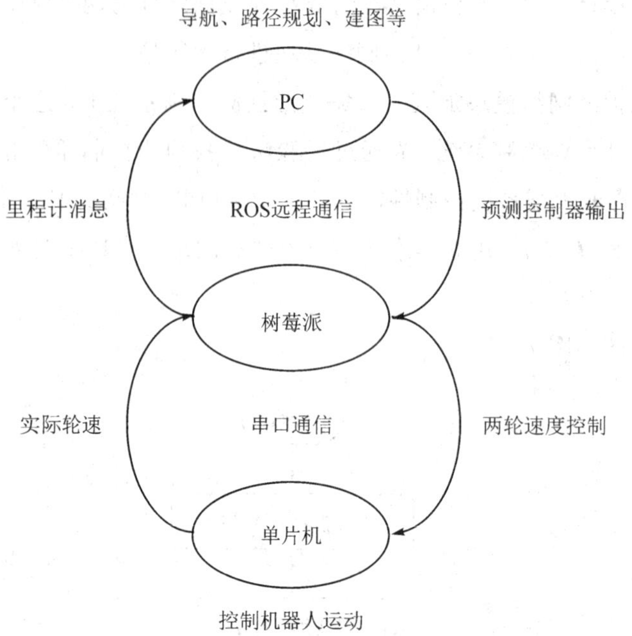

图 7－8 软件结构

参考路径为一条直线。设参考速度 v_r 为 1 m/s，横向偏差阈值 D_L 为 0.05 m，航偏角阈值 θ_L 为 0.1 rad，速度差阈值 v_L 为 0.05 m/s。设置机器人的初始状态的速度为 0，横向偏差为 5 m，航偏角为 0。

预设特征指标为[1，1，0，0]，即路径跟踪希望达到的目标是调节时间比 R_t 为 1.0，稳态达成距离比 R_d 为 1.0，振荡时间 t_o 为 0，振荡距离 d_o 为 0。

选用两组实验数据参与对比，一组使用机器学习算法整定的参数，另一组使用经验法整定的参数。使用两组参数控制的机器人分别在同样条件下进行路径跟踪实验，实验结果如图 7－9 到图 7－13 所示。图 7－9 是机器人路径跟踪实验的实际轨迹。

由图 7－9 可以看出，机器学习算法整定参数的机器人的移动轨迹更加平滑。

由图 7－10 和图 7－11 可知，机器学习算法整定参数的机器人在 5.2 s 时跟踪上参考路径并达成稳态，没有出现振荡。稳态达成距离为 5.310 m。

经验法整定参数的机器人在 3.2 s 时跟踪上参考路径，在 9.1 s 时达成稳态。稳态达成距离为 9.019 m，振荡距离为 6.253 m。

由图 7－12 可知，为了实现对时间和距离的要求，机器学习算法整定参数的机器人的控制量的变化更剧烈。由于在优化计算时已经根据机器人的性能设置了约束条件，这种状况是可以接受的。

在图 7－13 中，机器学习算法整定参数的机器人满足事件触发条件 122 次，节省了 59.3％的优化计算量；经验法整定参数的机器人满足事件触发条件 124 次，节省了 59.6％的优化计算量。实验证明，采用机器学习算法整定参数基本不会对事件触发产生影响。

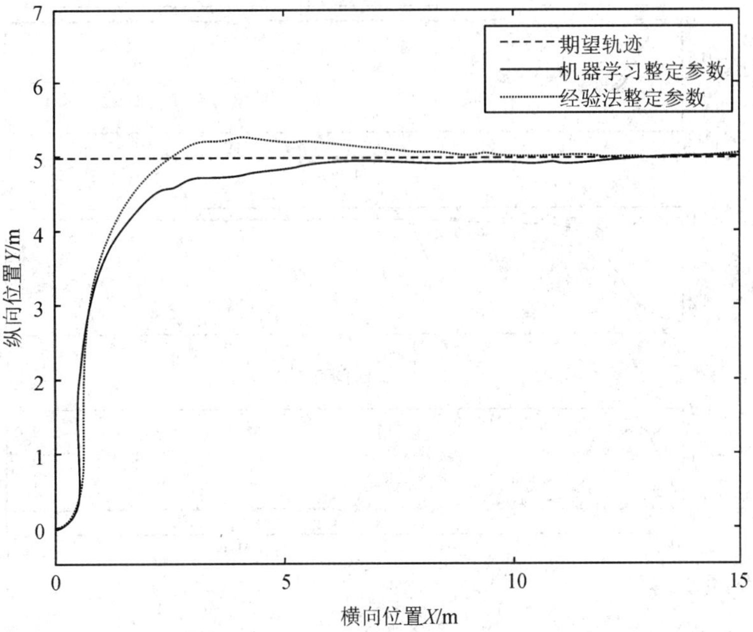

图 7-9　路径跟踪移动轨迹

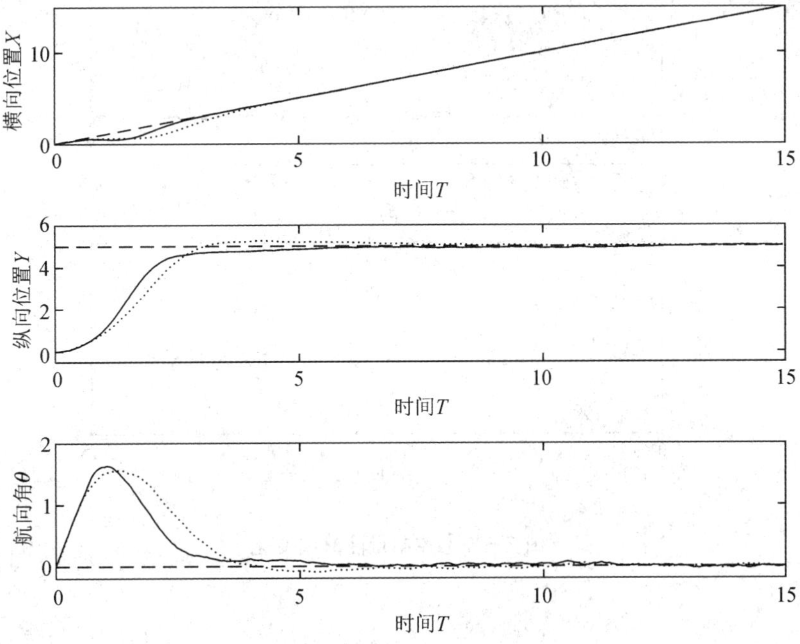

图 7-10　路径跟踪状态量

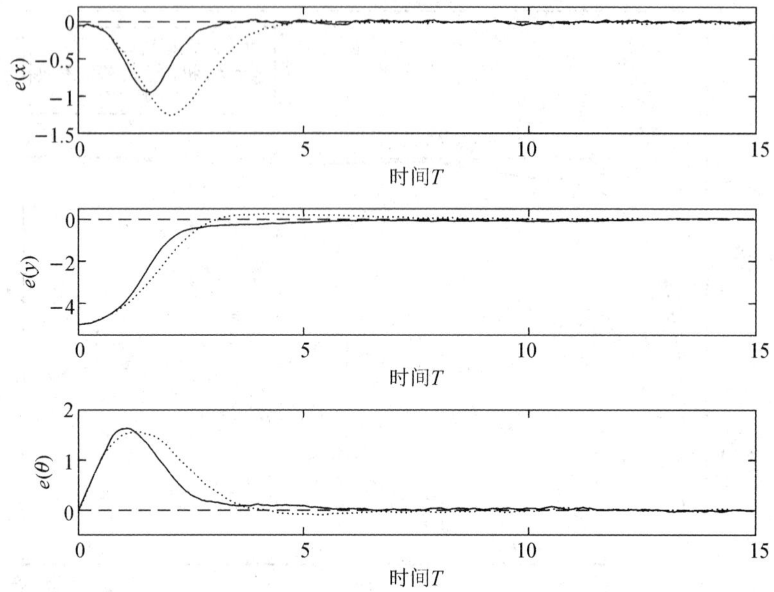

图 7-11　路径跟踪状态偏差

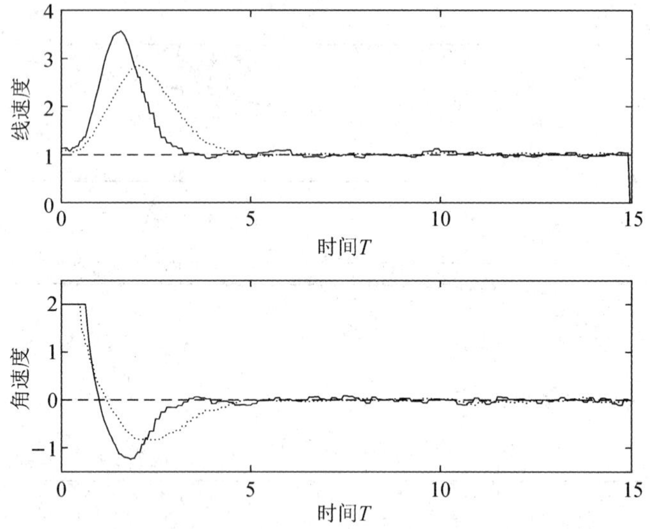

图 7-12　控制量随时间变化

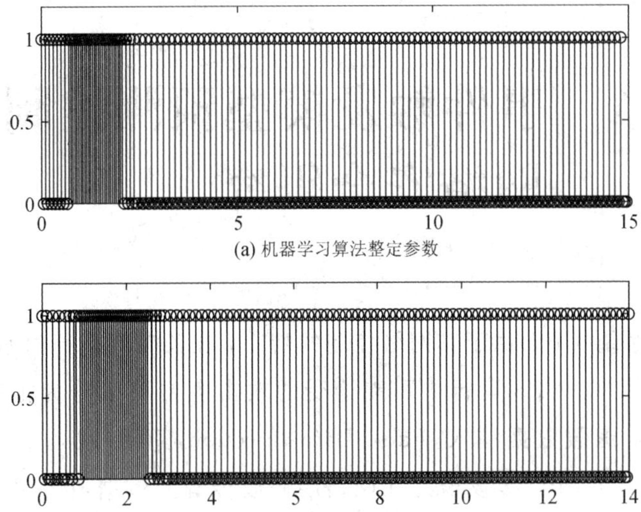

(a) 机器学习算法整定参数

(b) 经验法整定参数

图 7-13　事件触发判断

两种参数进行实验所得到的特征值与预设指标对比如表 7-2 所示。

表 7-2　实验对比表

参数	预设指标	机器学习算法整定法获得结果	经验整定法获得结果	提升
R_t	1.0	1.04	1.82	78%
R_d	1.0	1.062	1.804	74.2%
t_o/s	0	0	5.9	—
d_o/m	0	0	6.253	—

通过表 7-2 可以看出，机器学习算法整定参数的实验无论在调节时间比 R_t 和稳态达成距离比 R_d 两方面，还是在在振荡时间 t_o 和振荡距离 d_o 两方面，都比经验法整定参数的实验更接近预设指标，且差距很大。综合来看，通过机器学习算法可以有效地整定轮式移动机器人系统模型预测控制器的参数，且整定参数的能力十分优秀。

本章小结

基于机器学习的轮式移动机器人模型预测控制参数整定方法是完全可行的，相比通过经验法，使用机器学习的方法整定预测控制器的参数，可以更加精准地达到预期的控制指标，拥有着巨大的发展潜力。现在使用机器学习进行预测控制参数整定还存在着控制器与网络结合不够完善、依赖大量训练样本以及训练效率低下等问题，有着很大的发展空间。相信随着控制理论的不断发展，使用机器学习进行预测控制参数整定的方法会不断地完善与成熟，实现更广泛的应用。

第 8 章 事件触发模型预测控制策略网络安全研究

信息物理融合系统(CPS)由于其网络控制的特点，在长时间运行过程中不可避免地会遭受恶意网络攻击[63-65]。CPS 运行中可能遭受的攻击主要可以分为拒绝服务(Denial of Service，DoS)攻击、虚假数据注入(False Data Injection，FDI)攻击和重放攻击(Replay Attack)三种，其中 FDI 和 DoS 攻击是在网络层修改传输的数据或者阻塞网络传输通道，使被攻击系统的性能显著下降，具有一定的隐蔽性。

本章研究事件触发模型预测控制的安全控制性能，主要分析了第 5 章中设计的事件触发策略抵御 DoS 攻击的特性，另外设计了一种在遭受 FDI 攻击后仍能保证系统被控性能的自触发模型预测控制策略[66]，最后还介绍了其他的攻击类型特点，为后续研究奠定了理论基础。

8.1 DoS 攻击下事件触发鲁棒模型预测控制策略

8.1.1 问题描述

DoS 攻击是指攻击者恶意占用网络通道或通信资源，使网络传输间歇性中断一定的时间间隔 d_t 的一种网络攻击，此时的信息物理融合系统如图 8-1 所示。因此，事件触发方法在解决 DoS 问题方面具有天然的优势，因为它的采样瞬间本身具有正间隔。假设 DoS 攻击者的资源是有限的，攻击持续时间不超过预测的范围。针对第 5 章中介绍的带宽受限下的

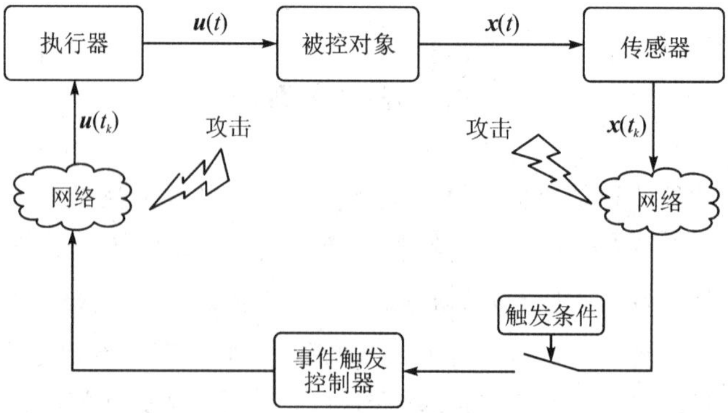

图 8-1 受攻击的信息物理融合系统

事件触发鲁棒模型预测控制算法，本节分析其能够抵御 DoS 攻击的性质。假设在 $t_0=0$ 时刻优化问题被触发，具体来说，对任意 $t>0$，在 t_k 时刻使用式(5－19)所示的触发机制来激活式(5－5)所示的优化问题。

8.1.2　安全控制策略

关于第 5 章设计的事件触发模型预测控制策略，有以下关于 DoS 攻击的定理。

定理 8.1　对于式(5－1)所示的系统，若通过使用式(5－19)所示的触发机制来获得触发时刻序列 $\{t_k\}$，$k\in\mathbb{N}$，则系统能够承受持续时间为 $\bar{d}_t$ 的 DoS 攻击，其中 $\bar{d}_t=\beta\delta_1$。

证明　考虑在时刻 $t_k(k\in\mathbb{N})$ 的状态误差

$$\|\hat{\boldsymbol{x}}^*(s;\ t_k)-\boldsymbol{x}(s;\ t_k)\|_{\boldsymbol{P}},\ s\in[t_k,\ t_k+\delta_1]$$

通过使用三角不等式，得

$$\|\hat{\boldsymbol{x}}^*(s;\ t_k)-\boldsymbol{x}(s;\ t_k)\|_{\boldsymbol{P}}\leqslant\int_{t_k}^{s}L_\phi\|\hat{\boldsymbol{x}}^*(\tau)-\boldsymbol{x}(\tau)_{\boldsymbol{P}}\|\mathrm{d}\tau+\frac{1}{2}\bar{\lambda}(\sqrt{\boldsymbol{P}})L_GK_u(s-t_k)^2+\bar{\lambda}(\sqrt{\boldsymbol{P}})\rho(s-t_k)\tag{8-1}$$

使用 Gronwall-Bellman 不等式，得

$$\|\hat{\boldsymbol{x}}^*(s;\ t_k)-\boldsymbol{x}(s;\ t_k)\|_{\boldsymbol{P}}\leqslant\frac{\bar{\lambda}(\sqrt{\boldsymbol{P}})L_GK_u}{L_\phi^2}(\mathrm{e}^{L_\phi(s-t_k)}-1)-\frac{\bar{\lambda}(\sqrt{\boldsymbol{P}})L_GK_u}{L_\phi}(s-t_k)+\frac{\bar{\lambda}(\sqrt{\boldsymbol{P}})\rho}{L_\phi}(\mathrm{e}^{L_\phi(s-t_k)}-1)\tag{8-2}$$

根据求解优化问题时刻 $\bar{t}_{k+1}\geqslant t_k+\beta\delta_1$ 的定义知 $\inf\limits_{k\in\mathbb{N}}\{t_{k+1}-t_k\}\geqslant\beta\delta_1$，即系统能够承受持续时间为 $\bar{d}_t$ 的 DoS 攻击而保持稳定，证毕。

8.2　FDI 攻击下自触发预测控制安全策略研究

8.2.1　问题描述

在本节中，首先介绍自触发模型预测控制机制，然后提出所要解决的问题。

给定图 8－2 所示的网络控制系统。被控系统模型由以下连续时间非线性输入仿射系统描述：

$$\dot{\boldsymbol{x}}=\phi(\boldsymbol{x},\ \boldsymbol{u})=f(\boldsymbol{x})+g(\boldsymbol{x})\boldsymbol{u}\tag{8-3}$$

其中，$\boldsymbol{x}\in\mathbb{R}^n$，$\boldsymbol{u}\in\mathbb{R}^m$ 分别为系统状态和输入，且存在输入约束 U。控制目标是将系统渐近稳定到原点，即当 $t\to\infty$ 时 $\boldsymbol{x}(t)\to\boldsymbol{0}$。为实现这一目标，假设给出的非线性系统满足以下条件：

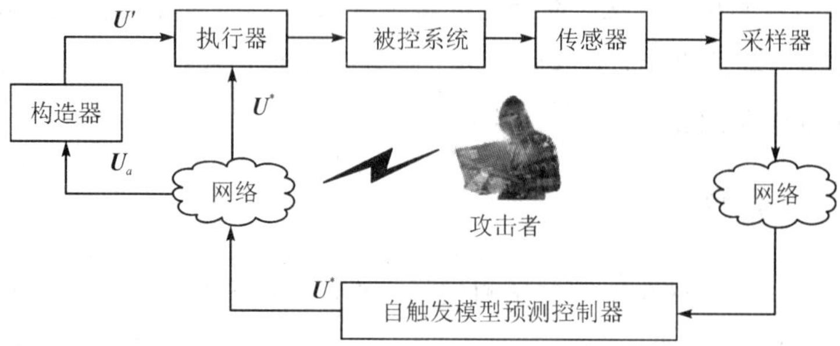

图 8-2　网络控制系统框架

假设 8.1　系统模型方程 $\phi(\boldsymbol{x},\boldsymbol{u})$：$\mathbb{R}^n\times\mathbb{R}^m\to\mathbb{R}^n$ 对于 $\boldsymbol{x}\in\mathbb{R}^n$ 李普希兹连续，并存在李普希兹常数 L_ϕ。

对于式(8-3)所描述的带约束多输入多输出系统，其最优控制问题(Optimal Control Problem，OCP)可以表述为

$$\min_{\boldsymbol{u}} J(\boldsymbol{x}(t_k),\boldsymbol{u})=\int_{t_k}^{t_k+T_p}F(\boldsymbol{x}(s),\boldsymbol{u}(s))\mathrm{d}s+V_f(\boldsymbol{x}(t_k+T_p)) \tag{8-4}$$

$$\text{s.t.}\quad \boldsymbol{x}=\phi(\boldsymbol{x},\boldsymbol{u}),\ s\in[t_k,t_k+T_p] \tag{8-5}$$

$$\boldsymbol{u}(s)\in U \tag{8-6}$$

$$\boldsymbol{x}(t_k+T_p)\in\Omega(\varepsilon_f) \tag{8-7}$$

其中，$\{t_k\}_{k\in\mathbb{N}}$ 表示求解 OCP 的采样时刻，T_p 为预测时域，$F(\boldsymbol{x},\boldsymbol{u})$、$V_f(\boldsymbol{x})$分别为阶段和终端代价函数。

集合 U 为控制输入约束集，定义如下：

$$U=\{\boldsymbol{u}(s)\in\mathbb{R}^m:\|\boldsymbol{u}(s)\|\leqslant u_{\max},\|\dot{\boldsymbol{u}}(s)\|\leqslant K_u\}$$

对于给定的 $\varepsilon_f>\boldsymbol{0}$，终端集 $\Omega(\varepsilon_f)$为

$$\Omega(\varepsilon_f)=\{\boldsymbol{x}(s)\in\mathbb{R}^n:V_f(\boldsymbol{x}(s))\leqslant\varepsilon_f\} \tag{8-8}$$

且集合 $\Omega(\cdot)$进一步存在如下假设[67]：

假设 8.2　给定 $\varepsilon_f>0$，$\forall\,\boldsymbol{x}\in\Omega(\varepsilon_f)$存在着一个反馈控制率 $\kappa(\boldsymbol{x})\in U$，满足

$$\frac{\partial V_f}{\partial\boldsymbol{x}}(f(\boldsymbol{x})+g(\boldsymbol{x})\kappa(\boldsymbol{x}))\leqslant -F(\boldsymbol{x},\boldsymbol{\kappa}(x)) \tag{8-9}$$

此外，定义 $J^*(\boldsymbol{x})$为通过求解 OCP 问题获得的最优代价函数，并设定以下区域是 MPC 稳定区域：

$$\mho_V=(\boldsymbol{x}\in\mathbb{R}^n,J^*(\boldsymbol{x})\leqslant J_0) \tag{8-10}$$

其中，J_0 可以根据系统性能获得[68]，并且 $\Omega(\varepsilon_f)\in\mho_V$。

上述 MPC 控制目标是在有限的时间内将系统从 $\mho_V\backslash\Omega(\varepsilon_f)$驱动至 $\Omega(\varepsilon_f)$。使用上述集合，进一步令$\|g(\boldsymbol{x})\|$上界为 L_G，并假设阶段和终端代价函数 F、V_f 满足以下假设：

假设 8.3　给定 K_∞类函数 α_1 和 α_2，且 $F(\boldsymbol{x},\boldsymbol{u})\geqslant\alpha_1(\|\boldsymbol{x}\|)$，$V_f(\boldsymbol{x})\leqslant\alpha_2(\|\boldsymbol{x}\|)$。此外

$F(\boldsymbol{x}, \boldsymbol{u})$和$V_f(\boldsymbol{x})$在$x \in \mho_V$上是李普希兹连续的，并且存在李普希兹常数$L_F$和$L_{V_f}$满足$0 < L_F < \infty$，$0 < L_{V_f} < \infty$。

备注 8.1　假设 8.1 到假设 8.3 是保证非线性 MPC 的标准假设[69]。

基于上述设置可获得最优控制输入$\boldsymbol{u}^*(s)$和最优状态轨迹$\boldsymbol{x}^*(s)$：

$$\boldsymbol{u}^*(s), \boldsymbol{x}^*(s), s \in [t_k, t_k + T_p], \boldsymbol{x}^*(t_k) = \boldsymbol{x}(t_k) \tag{8-11}$$

由于传统周期性 MPC 在求解 OCP 问题后控制器仅应用$\boldsymbol{u}^*(s)$中第一个控制样本$\boldsymbol{u}^*(t_k)$，所以传统 MPC 在每个时刻都需要进行 OCP 问题的求解，但由于网络化控制系统中的通信资源(通信带宽)和计算资源十分有限，所以传统 MPC 在网络化控制系统中实施变得较为困难，而解决这一问题的常用方法就是采用事件触发 MPC 和自触发 MPC。因为事件触发 MPC 和自触发 MPC 的共同特点是仅在无法保证系统性能时才去求解 OCP 问题，而在两个触发时刻t_k和t_{k+1}之间控制器以采样保持方式连续应用$\boldsymbol{u}^*(s)$，$s \in [t_k, t_{k+1}]$。因此，相比于传统 MPC，事件触发和自触发 MPC 应用于网络控制系统时可以有效减少通信资源和计算资源的过度使用。其中，自触发 MPC 根据先前接收的数据和系统动态，在触发时刻t_k主动预测下一触发时刻t_{k+1}，使用更为便利。考虑到自触发 MPC 需要在触发时刻t_k传输连续的控制信号$\boldsymbol{u}^*(s)$至执行器，但连续信号在图 8-1 所示网络化系统中传输时需要无限的带宽，工业应用中通常将连续的控制样本进行离散化处理，只传输$N(N \in \mathbb{N}^+)$个控制样本$\boldsymbol{U}^*$，即

$$\boldsymbol{U}^* = \left\{\boldsymbol{u}^*(t_k), \boldsymbol{u}^*(t_k + \delta_1), \cdots, \boldsymbol{u}^*\left(t_k + \sum_{l=1}^{N} \delta_l\right)\right\} \tag{8-12}$$

其中，$\Delta_n = \sum_{l=1}^{n} \delta_l < T_p$，$1 \leqslant n \leqslant N$。而后执行器在触发时刻$t_k$到$t_{k+1} = t_k + \sum_{i=1}^{N} \delta_l$之间以采样保持的方式应用$\boldsymbol{U}^*$[56]。

由自触发 MPC 策略可知$\boldsymbol{U}^*$是通过网络进行打包传输，而在传输时，由于各种网络漏洞，数据包$\boldsymbol{U}^*$中的控制样本$\boldsymbol{u}^*(t_k + \Delta_l)$可能会被攻击者恶意篡改(即 FDI 攻击)，定义被攻击之后的控制信号为$\boldsymbol{u}_a(t_k + \Delta_l)$。

$$\boldsymbol{u}_a(t_k + \Delta_l) = a(t_k + \Delta_l)[\boldsymbol{u}_a(t_k + \Delta_l)] + (1 - a(t_k + \Delta_l))[\boldsymbol{u}^*(t_k + \Delta_l)]$$

$$a(t_k + \Delta_l) = \begin{cases} 1; \text{数据已被篡改} \\ 0; \text{数据未被篡改} \end{cases}$$

当$a(t_k + \Delta_l) = 1$时表示$t_k + \Delta_l$时刻的控制数据已被篡改为$\boldsymbol{u}_a(t_k + \Delta_l)$，反之未被篡改。定义$\boldsymbol{U}_a$为系统被攻击后执行器实际获得的控制序列

$$\boldsymbol{U}_a = \left\{\boldsymbol{u}(t_k), \boldsymbol{u}(t_k + \delta_1), \cdots, \boldsymbol{u}\left(t_k + \sum_{l=1}^{N} \delta_l\right)\right\} \tag{8-13}$$

如果将上述被篡改之后的控制序列$\boldsymbol{U}_a$直接应用于被控系统，必定会极大地降低系统性能，甚至直接造成系统失稳。为了保证系统的稳定运行，最为直观的安全措施是对整个

控制数据包 $\boldsymbol{U}^*$ 进行高级加密，从而使传输的数据包 $\boldsymbol{U}^*$ 不被篡改，即 $a(t_k+\Delta_l)\equiv 0$。但是，如果将数据包中 $\boldsymbol{U}^*$ 的全部控制数据采用高级加密方式，不仅会增加计算资源的消耗而且会占用大量的网络带宽资源，所以为了解决资源消耗和数据安全之间的矛盾有必要提出一种仅对少量控制样本进行重点加密处理[70]，但仍能保证系统性能的安全控制策略。为了实现上述目标，提出以下假设。

假设 8.4 假设网络通道中的 FDI 攻击是可以被执行器端所检测的。

假设 8.5 攻击者只对网络传输包中的控制数据进行篡改，而不改变控制数据自身所携带的时间标记。

需要强调的是，假设 8.4 属于弹性控制和安全控制研究中的一般性假设。在此类研究中，重点关注在系统遭受攻击后，控制器是否能继续维持系统稳定运行，而无需采取隔离、停机检查等代价较高的额外措施。换言之，本章主要研究的是控制系统对于网络攻击的回应问题，其是建立在 FDI 攻击可以被识别的基础上。

8.2.2 安全控制策略

在本节中提出一种针对图 8-1 所示的网络自触发 MPC 系统在遭受 FDI 攻击后的安全控制策略。该方法基于零阶保持器来重构自触发控制信号，通过设计相应的自触发条件来确定数据传输和控制更新的时刻。

为了使系统监测到攻击后在被控系统端顺利地重构控制信号，并在控制端保护尽可能少的控制样本，选取所传输的控制样本集合 $\boldsymbol{U}^*$ 中的第一个控制样本 $\boldsymbol{u}^*(t_k)$ 和 $\boldsymbol{u}^*(t_k+\Delta_i)$，$i\in[1,N]$，进行重点加密，其中 $\boldsymbol{u}^*(t_k+\Delta_i)$ 是根据下文中提到的自适应算法进行选取。

在系统被攻击之后执行器端基于控制样本 $\boldsymbol{u}^*(t_k)$ 和 $\boldsymbol{u}^*(t_k+\Delta_i)$ 构建出一条连续控制曲线 $\boldsymbol{u}'(s)$：

$$\boldsymbol{u}'(s)=\frac{\boldsymbol{u}^*(t_k+\Delta_i)-\boldsymbol{u}^*(t_k)}{\Delta_i}(s-t_k)+\boldsymbol{u}^*(t_k),\ s\in[t_k,\ t_k+\Delta_i] \tag{8-14}$$

其中，$\Delta_i=\sum_{m=1}^{i}\delta_m$，此时执行器实际应用的控制数据为曲线 $\boldsymbol{u}'(s)$ 上的数据，即执行器以零阶保持的方式应用控制样本 $\boldsymbol{u}'(t_k+\Delta_j)$，即

$$\boldsymbol{u}'(t_k+\Delta_j)=\frac{\boldsymbol{u}^*(t_k+\Delta_i)-\boldsymbol{u}^*(t_k)}{\Delta_i}\Delta_j+\boldsymbol{u}^*(t_k),\ \Delta_j\in\{0,\ \Delta_1,\ \cdots,\ \Delta_i\} \tag{8-15}$$

此时执行器应用的控制序列为

$$\boldsymbol{U}'=\left\{\boldsymbol{u}'(t_k),\ \boldsymbol{u}'(t_k+\Delta_1),\ \cdots,\ \boldsymbol{u}'\left(t_k+\sum_{i=1}^{N}\Delta_i\right)\right\} \tag{8-16}$$

图 8-3 为不同情况下控制数据示意图，黑色曲线表示在 t_k 时通过求解公式 OCP 问题获得的最优控制序列。黑点表示自触发 MPC 从最优控制序列中选取的 N 个控制样本；星号标记点为需要高级加密的两个控制样本；三角形标记点为拟合出的控制样本。

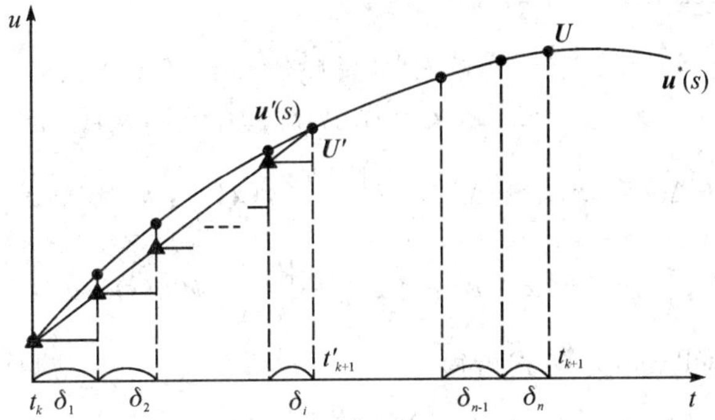

图 8-3　控制数据示意图

需要指出的是，当系统被攻击之后使用拟合的控制数据时，系统的下一个触发瞬间将由 $t_{k+1}=t_k+\Delta_N$ 减小为 $t_{k+1}=t_k+\Delta_i$。虽然总的触发间隔在一定程度被减小，但下文将严格证明系统被攻击下仍能稳定运行。需要说明的是当系统未被攻击时执行器正常应用 $\boldsymbol{U}^*$。

由引理 8.1 可获得控制数据由 $\boldsymbol{u}^*(s)$ 更改为 $\boldsymbol{u}'(t_k+\Delta_j)$ 时，系统状态误差的解析上界。

引理 8.1　基于式(8-15)构建的控制信号 $\boldsymbol{u}'(t_k+\Delta_j)$ 与求解 OCP 获得的最优控制序列 $\boldsymbol{u}^*(s)$ 所对应的状态误差 $\|\boldsymbol{x}(t_k+\Delta_i)-\boldsymbol{x}^*(t_k+\Delta_i)\|$ 的上界值为 $E(\Delta_i)$。

当 $i=1$ 时：

$$E(\Delta_1)=\|\boldsymbol{x}(t_k+\Delta_1)-\boldsymbol{x}^*(t_k+\Delta_1)\|\leqslant L_G\Delta u(t_k+\delta_1)\mathrm{e}^{L_\phi\delta_1} \tag{8-17}$$

当 $1<i\leqslant N$：

$$E(\Delta_i)=\|\boldsymbol{x}(t_k+\Delta_i)-\boldsymbol{x}^*(t_k+\Delta_i)\|\leqslant E(\Delta_{i-1})\mathrm{e}^{L_\phi\delta_i}+L_G\Delta u(t_k+\delta_i)\mathrm{e}^{L_\phi\delta_i} \tag{8-18}$$

其中：

$$\Delta u(t_k+\delta_i)=\left\|\int_{t_k+\Delta_{i-1}}^{t_k+\Delta_i}[\boldsymbol{u}'(t_k+\Delta_{i-1})-\boldsymbol{u}^*(s)]\mathrm{d}s\right\| \tag{8-19}$$

证明　首先对于 $\Delta_j=\delta_1$，$s\in[t_k,\ t_k+\delta_1]$ 有

$$\boldsymbol{x}(t_k+\delta_1)=\boldsymbol{x}(t_k)+\int_{t_k}^{t_k+\delta_1}\phi(\boldsymbol{x}(s),\ \boldsymbol{u}'(t_k))\mathrm{d}s$$

$$\boldsymbol{x}^*(t_k+\delta_1)=\boldsymbol{x}^*(t_k)+\int_{t_k}^{t_k+\delta_1}\phi(\boldsymbol{x}^*(s),\ \boldsymbol{u}^*(t_k))\mathrm{d}s$$

其中，$x(t_k)=x^*(t_k)$，因此有

$$\|\boldsymbol{x}(t_k+\delta_1)-\boldsymbol{x}^*(t_k+\delta_1)\|\leqslant\int_{t_k}^{t_k+\delta_1}L_\phi\|\boldsymbol{x}(s)-\boldsymbol{x}^*(s)\|\mathrm{d}s+L_G\left\|\int_{t_k}^{t_k+\delta_1}[\boldsymbol{u}'(t_k)-\boldsymbol{u}^*(s)]\mathrm{d}s\right\|$$

这里设

$$\Delta u(t_k+\delta_1)=\left\|\int_{t_k}^{t_k+\Delta_1}[\boldsymbol{u}'(t_k+\Delta_{i-1})-\boldsymbol{u}^*(s)]\mathrm{d}s\right\|$$

所以有

$$\|\boldsymbol{x}(t_k+\delta_1)-\boldsymbol{x}^*(t_k+\delta_1)\|\leqslant\int_{t_k}^{t_k+\delta_1}L_\phi\|\boldsymbol{x}(s)-\boldsymbol{x}^*(s)\|\mathrm{d}s+L_G\Delta u(t_k+\delta_1)$$

通过使用 Gronwall-Bellman 不等式可得

$$\| \boldsymbol{x}(t_k+\delta_1)-\boldsymbol{x}^*(t_k+\delta_1)\| \leqslant L_G \Delta u(t_k+\delta_1)\mathrm{e}^{L_\phi \delta_1}$$

对于 $\Delta_j\in[\Delta_2, \Delta_i]$，$s\in[t_k+\Delta_{j-1}, t_k+\Delta_j]$，$j=2, \cdots, i$，有

$$\boldsymbol{x}(t_k+\Delta_j)=\boldsymbol{x}(t_k+\Delta_{j-1})+\int_{t_k+\Delta_{j-1}}^{t_k+\Delta_j}\phi(\boldsymbol{x}(s), \boldsymbol{u}'(t_k+\Delta_{j-1}))\mathrm{d}s$$

$$\boldsymbol{x}^*(t_k+\Delta_j)=\boldsymbol{x}^*(t_k+\Delta_{j-1})+\int_{t_k+\Delta_{j-1}}^{t_k+\Delta_j}\phi(\boldsymbol{x}(s), \boldsymbol{u}^*(s))\mathrm{d}s$$

同样使用 Gronwall-Bellman 不等式可得

$$\begin{aligned}
&\| \boldsymbol{x}(t_k+\Delta_j)-\boldsymbol{x}^*(t_k+\Delta_j)\| \\
&\leqslant \| \boldsymbol{x}(t_k+\Delta_{j-1})-\boldsymbol{x}^*(t_k+\Delta_{j-1})\| +\int_{t_k+\Delta_{j-1}}^{t_k+\Delta_j} L_\phi \| \boldsymbol{x}(s)-\boldsymbol{x}^*(s)\| \mathrm{d}s+ \\
&L_G\left\| \int_{t_k+\Delta_{j-1}}^{t_k+\Delta_j}[\boldsymbol{u}'(t_k+\Delta_{j-1})-\boldsymbol{u}^*(s)]\mathrm{d}s\right\| \\
&\leqslant E(\Delta_{j-1})\mathrm{e}^{L_\phi \delta_j}+L_G \Delta u(t_k+\delta_j)\mathrm{e}^{L_\phi \delta_j}
\end{aligned}$$

其中，$\Delta u(t_k+\delta_j)=\left\| \int_{t_k+\Delta_{j-1}}^{t_k+\Delta_j}[\boldsymbol{u}'(t_k+\Delta_{j-1})-\boldsymbol{u}^*(s)]\mathrm{d}s\right\|$，式中 $\Delta u(t_k+\delta_j)$ 是通过计算机在线计算完成的。

最终需要保护的控制样本为 $\boldsymbol{u}^*(t_k+\Delta_{i_m})$，由于 MPC 的性能主要由代价函数的值来表征，因此基于如下判断条件来选取 $\boldsymbol{u}^*(t_k+\Delta_{i_m})$：

$$J^*(\boldsymbol{x}(s))-J^*(\boldsymbol{x}^*(s))<\sigma_J \tag{8-20}$$

其中，$\boldsymbol{x}(s)$ 是控制输入 $\boldsymbol{u}'(t_k+\Delta_j)$ 驱动下的实际系统状态，而 $\sigma_J\in\mathbb{R}^+$ 是一个设计参数，将在下一节中进一步讨论。注意，$J^*(\boldsymbol{x}^*(s))$ 是基于最优控制输入 $\boldsymbol{u}^*(s)$ 获得的最优代价函数的值；$J^*(\boldsymbol{x}(s))$ 是基于拟合控制输入 $\boldsymbol{u}'(t_k+\Delta_j)$ 获得的最优代价函数的值。

假设 8.1 至 8.3 成立，则可以证明函数 $J^*(\cdot)$ 在公式定义的稳定区域 $\mho_V$ 内是局部李普希兹连续的，并且相应的李普希兹常数为 L_J，由文献[57]可知：

$$L_J=\left(\frac{L_F}{L_\phi}+L_{V_{\mathrm{f}}}\right)\mathrm{e}^{(L_\phi T_{\mathrm{p}})}-\frac{L_F}{L_\phi}$$

为了将式(8-20)转变为可解模式，基于李普希兹连续和引理 8.1，式(8-20)重写为

$$E(\Delta_i)\leqslant\frac{1}{L_J}\sigma_J \tag{8-21}$$

基于上述分析，下面的定理总结了本节的主要结果。

定理 8.2　若假设 8.1 至 8.3 成立，则需要被重点加密的控制数据 $\boldsymbol{u}^*(t_k+\Delta_{i_m})$ 选取建议如下：

$$\begin{aligned}
i_m &= \max_{i\in[1, N]} i \\
\text{s.t. } & E(\Delta_i)\leqslant\frac{1}{L_J}\sigma_J
\end{aligned} \tag{8-22}$$

通过上述分析现将安全控制策略总结为如表 8－1 所示的算法 8.1。

表 8－1　自适应选取算法伪代码

算法 8.1　自适应选取算法
1：　给定任意更新时刻 t_k，$\boldsymbol{x}(t_k)\notin\Omega(\varepsilon_f)$，通过自触发 MPC 计算控制样本 $\boldsymbol{U}^*$；
2：　通过式(8－20)计算需要保护的控制数据 $\boldsymbol{u}^*(t_k+\Delta_{i_m})$；
3：　将 $\boldsymbol{u}^*(t_k)$ 和 $\boldsymbol{u}^*(t_k+\Delta_{i_m})$ 进行高级加密，并将高级加密之后的整个数据包通过网络传送给执行器；
4：　如果监测到网络中可能存在攻击，执行器利用 $\boldsymbol{u}^*(t_k)$ 和 $\boldsymbol{u}^*(t_k+\Delta_{i_m})$ 采用式(8－16)获得控制样本 $\boldsymbol{U}'$；
5：　执行器以零阶保持的方式应用控制样本 $\boldsymbol{U}'$；
6：　否则执行器以零阶保持的方式应用控制样本 $\boldsymbol{U}^*$；
7：　将 $\boldsymbol{x}(t_{k+1})$ 作为新的当前状态传输到控制器以求解下一个 OCP 问题；
8：　将 $k\to k+1$ 重复上述步骤。

由于在算法 8.1 的作用下，控制数据 $\boldsymbol{u}^*(t_k)$ 和 $\boldsymbol{u}^*(t_k+\Delta_{i_m})$ 采用的加密手段是不同于其他控制数据的更复杂、更高级的加密算法，相应的，在执行器端也设有特殊的解码模式，而特殊的解码模式并不适用于其他未采用该加密方式的普通数据，即不同的加密方式所采用的解码体系是不同的[69]。基于此，执行器就可以识别出哪组数据是通过高级加密被用于重构控制信号的。

8.2.3　性能分析

本节将对上述方法进行理论分析，包括可行性和稳定性的证明。

定理 8.3　若假设 8.1～8.3 都成立，如果在式(8－21)中设计的 σ_J 满足下式：

$$\sigma_J(s)=\gamma\int_{t_k}^{t_k+s}F(\boldsymbol{x}^*(s),\boldsymbol{u}^*(s))\mathrm{d}s,\ s\in[t_k,\ t_k+T_{\mathrm{p}}] \tag{8-23}$$

其中，$\gamma\in(0,1)$ 为一设计参数，则算法 8.1 可以被严格证明是迭代可行的。同时在满足定理 8.3 条件下，算法 8.1 将驱动系统在有限的执行时间内($\Delta_i\triangleq t_{k+1}-t_k>0$)从初始位置 $\mho_V$ 进入终端集 $\Omega(\varepsilon_f)$。

迭代可行性分析：为了保证算法 8.1 的可行性，首先需要确保在 t_k 时根据当前状态值 $\boldsymbol{x}(t_k)$ 求解 OCP 问题可以得到满足所有约束的控制序列 $\boldsymbol{u}^*(s)$，那么当状态值 $\boldsymbol{x}(t_{k+1})$ 被网络传输至 MPC 控制器时，在该时刻 t_{k+1} 也可以得到一个可行的控制序列 $\boldsymbol{u}^*(s)$。同时由于 $\boldsymbol{u}^*(t_k)$ 和 $\boldsymbol{u}^*(t_k+\Delta_{i_m})$ 满足所有控制约束，所以

$$\|\boldsymbol{u}'(t_k+\Delta_j)\|<u_{\max}$$

且由于

$$\|\dot{\boldsymbol{u}}^*(s)\|\leqslant K_u\Rightarrow\int_{t_k}^{t_k+\Delta_i}\|\dot{\boldsymbol{u}}^*(s)\|\ \mathrm{d}s\leqslant K_u\Delta_i$$

从而有

$$\|\dot{\boldsymbol{u}}'(s)\| = \left\|\frac{[\boldsymbol{u}^*(t_k+\Delta_{i_m}) - \boldsymbol{u}^*(t_k)]}{\Delta_{i_m}}\right\| \leqslant K_u$$

即 $\boldsymbol{u}'(t_k+\Delta_j)$也满足约束集 U。

由于模型预测控制在 t_k 时刻可行，故

$$\boldsymbol{x}(t_k) = \boldsymbol{x}^*(t_k) \in \mho_V$$

并且有 $J^*(\boldsymbol{x}(t_k))<J_0$。基于传统的模型预测控制结果，将 $\boldsymbol{u}^*(s)$和 $\boldsymbol{u}'(s)$应用于系统时有

$$J^*(\boldsymbol{x}^*(t_{k+1})) - J^*(\boldsymbol{x}(t_k)) \leqslant -\int_{t_k}^{t_{k+1}} F(\boldsymbol{x}^*(s), \boldsymbol{u}^*(s))\,\mathrm{d}s < 0$$

成立，结合设计的判断条件可得

$$J^*(\boldsymbol{x}(t_{k+1})) - J^*(\boldsymbol{x}(t_k)) \leqslant (\gamma-1)\int_{t_k}^{t_{k+1}} F(\boldsymbol{x}^*(s), \boldsymbol{u}^*(s))\mathrm{d}s < 0$$

所以有

$$J^*(\boldsymbol{x}(t_{k+1})) - J^*(\boldsymbol{x}(t_k)) < 0$$

这意味着 $\boldsymbol{x}(t_{k+1}) \in \mho_V$，因此上述算法在 t_{k+1}时刻可行。

稳定性分析：稳定性证明采用反证法。首先假设：从 $\boldsymbol{x}(t_0) \in \mho_V \backslash \Omega(\varepsilon_{\mathrm{f}})$开始系统位于终端约束集 $\Omega(\varepsilon_{\mathrm{f}})$外，并且将一直位于 $\Omega(\varepsilon_{\mathrm{f}})$外，即，当 $t\to\infty$时，系统状态 $\boldsymbol{x}$ 在所设计算法控制下依然位于终端约束集 $\Omega(\varepsilon_{\mathrm{f}})$外。然后通过论证该假设不成立，从而证明被控系统在算法 8.1 的作用下依然可以稳定运行。

首先基于设计的寻优条件有

$$J^*(\boldsymbol{x}(t_{k+1})) - J^*(\boldsymbol{x}(t_k)) \leqslant (\gamma-1)\int_{t_k}^{t_{k+1}} F(\boldsymbol{x}^*(s), \boldsymbol{u}^*(s))\mathrm{d}s < 0$$

这里 $J^*(\boldsymbol{x})$是基于状态值 $\boldsymbol{x}$ 求解最优 MPC 问题所获得的最优代价函数值。同时 $J^*(\boldsymbol{x})$也被视为系统的闭环李雅普诺夫函数，因此基于李雅普诺夫稳定性理论，当保证 $J^*(\boldsymbol{x})$随触发时间 t_k 递减时即可保证稳定性。由备注 8.2 可知上述算法必定存在着一个最小可行解 $\Delta_{i_m} > \Delta_i = t_{k+1} - t_k \geqslant \Delta_1 > 0$，则

$$\begin{aligned}
J^*(\boldsymbol{x}(t_k)) - J^*(\boldsymbol{x}(t_{k-1})) &\leqslant (\gamma-1)\int_{t_{k-1}}^{t_k} F(\boldsymbol{x}^*(s), \boldsymbol{u}^*(s))\mathrm{d}s \\
&< (\gamma-1)\int_{t_{k-1}}^{t_{k-1}+\tau} \alpha_1(\alpha_2^{-1}(\varepsilon_{\mathrm{f}}))\mathrm{d}s \\
&= -(1-\gamma)\alpha_1(\alpha_2^{-1}(\varepsilon_{\mathrm{f}}))\tau \\
&\triangleq -\zeta < 0
\end{aligned}$$

由于假设 $F(\boldsymbol{x}, \boldsymbol{u}) \geqslant \alpha_1(\|\boldsymbol{x}\|)$，$V_{\mathrm{f}}(x) \leqslant \alpha_2(\|\boldsymbol{x}\|)$存在，所以有

$$\varepsilon_{\mathrm{f}} < V_{\mathrm{f}}(\boldsymbol{x}(t_k+\xi)) \leqslant \alpha_2(\|\boldsymbol{x}(t_k+\xi)\|)$$

从而可得

$$F(\boldsymbol{x}^*(s),\ \boldsymbol{u}^*(s)) \geqslant \alpha_1(\|\boldsymbol{x}(t_k+\xi)\|) > \alpha_1(\alpha_2^{-1}(\varepsilon_f)) > 0$$

这里 $t_{k-1}<s<t_{k-1}+\tau$，$0<\xi<\tau$。

因此可得

$$J^*(\boldsymbol{x}(t_k)) - J^*(\boldsymbol{x}(t_{k-1})) < -\zeta$$

$$J^*(\boldsymbol{x}(t_{k-1})) - J^*(\boldsymbol{x}(t_{k-2})) < -\zeta$$

$$\vdots$$

$$J^*(\boldsymbol{x}(t_1)) - J^*(\boldsymbol{x}(t_0)) < -\zeta$$

两边同时求和可得

$$J^*(\boldsymbol{x}(t_k)) < -k\zeta + J^*(\boldsymbol{x}(t_0)) < -k\zeta + J_0$$

其中，J_0 已经在式(8-10)中给出。这意味着 $k\to\infty$ 时 $J^*(\boldsymbol{x}(t_k))\to-\infty$，这与 $J^*(\boldsymbol{x}(t_k))>0$ 的事实相矛盾，所以上述假设不成立。因此，状态会在有限时间内进入 $\Omega(\varepsilon_f)$。因此，实现了将系统渐近稳定到原点的控制目标，即当 $t\to\infty$ 时 $\boldsymbol{x}(t)\to\boldsymbol{0}$。

8.2.4 仿真验证

在这一部分将所提出的算法应用于图 8-4 所示的二维非完整车辆系统以验证其有效性，相应的控制目标是将系统从其初始位置驱动到目标位置。

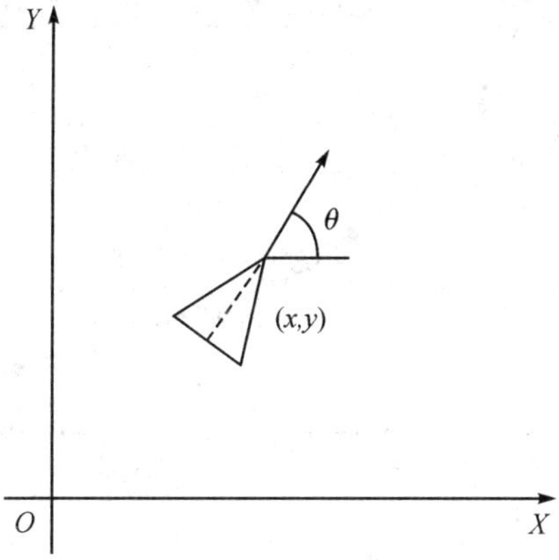

图 8-4　系统状态变量示意图

系统方程如下所示：

$$\begin{bmatrix} \dot{x}(t) \\ \dot{y}(t) \\ \dot{\theta}(t) \end{bmatrix} = \begin{bmatrix} \cos(t) & 0 \\ \sin(t) & 0 \\ 0 & 0 \end{bmatrix} \begin{bmatrix} v(t) \\ \omega(t) \end{bmatrix} \tag{8-24}$$

这里 $\boldsymbol{\chi}=[x,\ y,\ \theta]^{\mathrm{T}}$ 为系统状态变量，$\boldsymbol{u}=[v,\ \omega]^{\mathrm{T}}$ 为控制输入，$[x,\ y]$为车辆的位置，θ 为车辆的角度，$[v,\ \omega]^{\mathrm{T}}$ 分别为线速度和角速度。首先采用文献[56]中的自触发 MPC 算

法将系统从初始位置[-5，4，$-\pi/2$]驱动至原点，这里约束条件为$\|v\|\leqslant\bar{v}=1.5$，$\|\omega\|\leqslant\bar{\omega}=0.5$，李普希兹常数$L_\phi=\sqrt{2}\bar{v}$，$L_G=1.0$[72]。阶段和终端代价函数为$F=\boldsymbol{\chi}^{\mathrm{T}}\boldsymbol{Q}\boldsymbol{\chi}+\boldsymbol{u}^{\mathrm{T}}\boldsymbol{R}\boldsymbol{u}$，$V_{\mathrm{f}}=\boldsymbol{\chi}^{\mathrm{T}}\boldsymbol{\chi}$，其中$\boldsymbol{Q}=0.1\boldsymbol{I}_3$，$\boldsymbol{R}=0.05\boldsymbol{I}_2$，调整参数$\sigma=0.99$，$\varepsilon_{\mathrm{f}}=0.4$，触发间隔数$N=6$。然后，基于上述自触发 MPC 算法对系统每次传输的控制样本$\boldsymbol{U}^*$都进行恶意篡改，并且使篡改后的控制样本$\boldsymbol{U}_{\mathrm{a}}$满足上述设定的约束。由于考虑到攻击者会采用各种恶意篡改手段对$\boldsymbol{U}^*$进行篡改，但无论采用何种篡改手段最后导致的结果就是$\boldsymbol{U}_{\mathrm{a}}$偏离原始控制样本$\boldsymbol{U}^*$，所以在此采用的攻击仿真手段为将传输包$\boldsymbol{U}^*$中的每一组控制数据$\boldsymbol{u}^*(\cdot)$随机恶意篡改为满足$|v|\leqslant\bar{v}=1.5$，$|\omega|\leqslant\bar{\omega}=0.5$的任意值。紧接着利用算法 8.1 对上述受 FDI 攻击的自触发 MPC 系统中的控制数据进行重构，并将重构获得的控制数据应用于系统，给定设计$\gamma=0.99$。

如图 8-5 所示，在所设计的算法 8.1 驱动下，车辆运行轨迹(星号)与文献[56]设计的自触发 MPC 算法运行轨迹(叉号)最终都趋于稳定，但是控制数据被恶意篡改之后而不采取防御措施时系统将处于失稳状态，如图 8-5 中三角标记轨迹所示。图 8-5 中符号标记处表示该位置系统被触发，被控系统需要和控制器通信以获得控制数据。

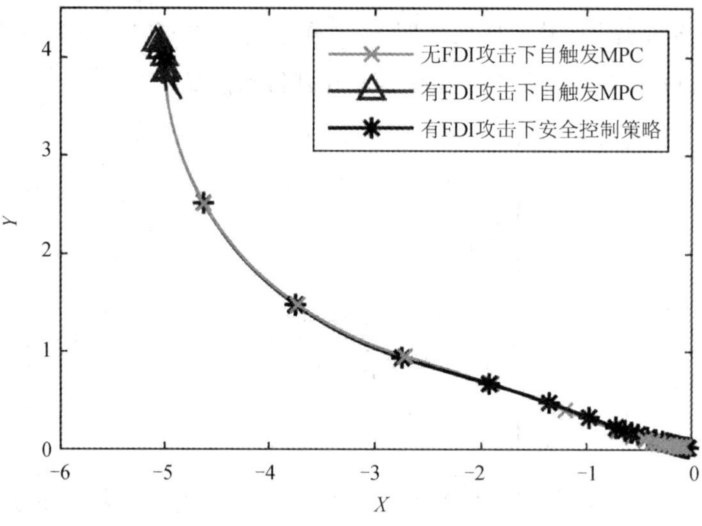

图 8-5 运行轨迹对比图

图 8-6 展示了不同控制模式下系统实际所应用的控制数据v和ω，其中$\boldsymbol{u}^*(t)$、$\boldsymbol{w}^*(t)$为自触发 MPC 驱动下的控制数据，$\boldsymbol{u}'(t)$、$\boldsymbol{w}'(t)$为利用算法 8.1 所重构的控制数据，$\boldsymbol{u}(t)$、$\boldsymbol{w}(t)$为系统遭受 FDI 攻击之后的自触发 MPC 控制数据。

图 8-7 展示了无 FDI 攻击的自触发 MPC、算法 8.1 的触发间隔，分别用星号、圆圈进行标记。表 8-2 展示了每一个传输包中需要高级加密的第二个控制数据$\boldsymbol{u}^*(t_k+\Delta_{i_m})$。从图 8-6 和表 8-2 可以看出使用算法 8.1 进行驱动时触发间隔并不会有太大损失。

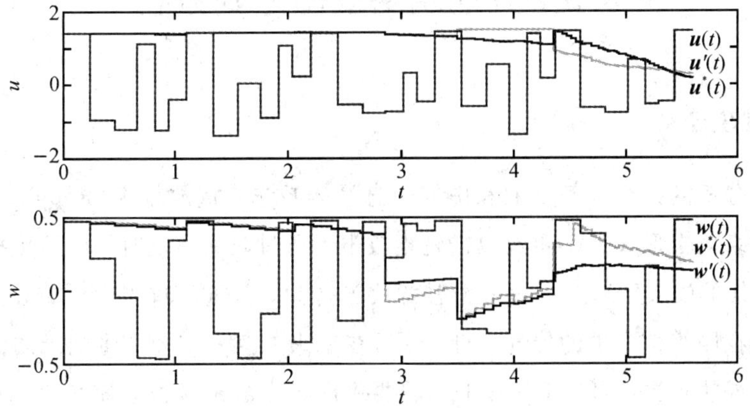

图 8－6　控制数据对比图

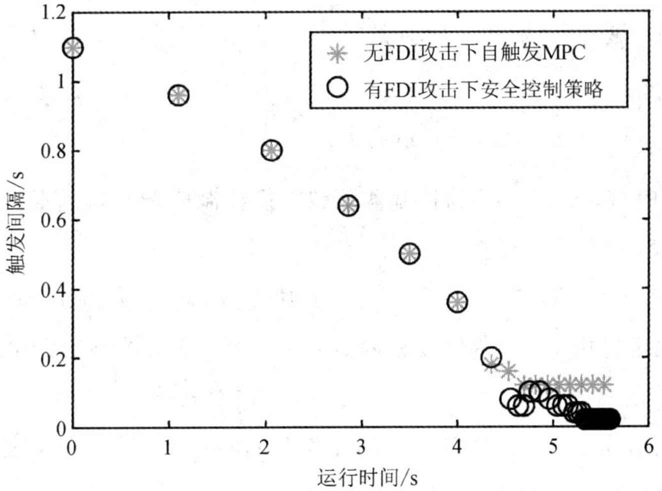

图 8－7　触发间隔对比

表 8－2　每个传输包中需要保护的第二个控制样本值(i_m)

K	i_m	K	i_m
$1\leqslant K\leqslant 6$	6	$K=13$	4
$K=7$	5	$14\leqslant K\leqslant 16$	3
$K=8$	3	$17\leqslant K\leqslant 19$	2
$9\leqslant K\leqslant 10$	2	$20\leqslant K\leqslant 32$	1
$11\leqslant K\leqslant 12$	5	$K=33$	1

8.3 其他网络攻击方式分析

8.3.1 重放攻击

除了前文分析的拒绝服务攻击和虚假信息注入攻击，重放攻击(Replay Attacks)也是一类常见的网络攻击形式[71]。重放攻击是指攻击者通过收集一定时间的历史控制信号或量测信号，并将其重放或延迟发送的一类恶意攻击行为。在重放攻击中，攻击者首先记录一段时间内系统在网络信道中的传输信息，然后在未来的某一时刻，将记录的传输信息重新播放给控制器或执行器。因为重放攻击不需要攻击者充分地掌握系统信息，同时也并不需要明确传输信号的原文内容，所以重放攻击相对容易执行。并且，当其与其他攻击类型配合时，可能会导致更加严重的后果。具体来说考虑如下的系统模型：

$$\dot{\boldsymbol{x}} = \phi(\boldsymbol{x}(s),\ \boldsymbol{u}(s)) = f(\boldsymbol{x}(s)) + h(\boldsymbol{x}(s))\boldsymbol{u}(s) \tag{8-25}$$

$\boldsymbol{x}(s)\in\mathbb{R}^{n\times 1}$，$\boldsymbol{u}(s)\in\mathbb{R}^{m\times 1}$分别为 k 时刻的状态变量和控制输入。同时将触发条件做如下描述：

$$t_{k+1} \triangleq \inf_{s>t_k}\{\|\boldsymbol{x}(s,\ t_k) - \boldsymbol{x}^*(s,\ t_k)\| = \sigma\} \tag{8-26}$$

t_{k+1}为下一个触发时刻，$\boldsymbol{x}^*(s,\ t_k)$为控制器求解最优控制问题获得的最优状态值，$\boldsymbol{x}(s,\ t_k)$为系统实际状态值，$\sigma$ 为触发阈值。

针对事件触发模型预测控制的重放攻击，其攻击目的可以分为如下两种情况：

(1) 在重放攻击作用下，事件触发控制器将被频繁触发，控制器无法对信号进行过滤，从而达到破坏系统的目的，即$\|\boldsymbol{x}(t_k,\ t_k)-\boldsymbol{x}^*(t_k,\ t_k)\|\geqslant\sigma$。

(2) 在重放攻击作用下，事件触发控制器长时间不进行触发，导致控制器无法及时更新控制信号，无法保障系统稳定性，即$\|\boldsymbol{x}(t_k+T,\ t_k)-\boldsymbol{x}^*(t_k+T,\ t_k)\|<\sigma$。

但是，因为模型预测控制具有滚动优化与反馈校正的特性，所以重放攻击要达到第二种攻击目的需要记录更多信息，如σ、$\boldsymbol{x}^*(s)$等，同时还需配合其他攻击手段，如虚假数据注入攻击才能完成，因此在本节只针对第一种情况进行描述。现将攻击的模型分为两部分：

(1) 记忆阶段：此阶段攻击者从网络通道读取信号值，并将其进行记录，在该阶段，攻击者不可向网络信道中注入信号，信息流从网络通道单向流入攻击者，即

$$\begin{cases}\boldsymbol{a}_k = \boldsymbol{0}\\ \boldsymbol{l}_k = \boldsymbol{u}(s,\ t_k)\end{cases} \tag{8-27}$$

将 $\boldsymbol{a}_k$ 表示重放攻击的标志位，当 $\boldsymbol{a}_k=\boldsymbol{0}$ 时，表示此阶段为重放攻击的记忆阶段。$k_0\leqslant k\leqslant k_r$，$k_0$、$k_r$分别为重放攻击记忆阶段的开始和结束时刻。$\boldsymbol{l}_k$ 是攻击记忆信号的集合。$\boldsymbol{u}(s,\ t_k)$，$s\in[t_k,\ t_k+T_p]$，是系统在 t_k 时通过模型预测控制器求解获得的最优控制输入，t_k 为触发时

刻，T_p 为系统预测时域。

（2）重放阶段：此阶段攻击者将记忆的信号序列重新播放至网络通道中，同时攻击者不可读取网络信道中的通信信号，信息流从攻击者单向流入网络通道，此阶段数学模型为

$$\begin{cases}\boldsymbol{a}_k = \boldsymbol{u}(s,\ t_m)\\ \boldsymbol{l}_k = \boldsymbol{l}_{k-1}\end{cases} \tag{8-28}$$

其中，$k_e \leqslant k \leqslant k_f$，$k_e$ 和 k_f 分别表示攻击的起始和结束时刻。在此阶段，攻击信号的标志位 $\boldsymbol{a}_k$ 不再为 $\mathbf{0}$，而是变为在记忆阶段攻击者记录的控制序列 $\boldsymbol{u}(s,\ t_m)$，$s\in[t_m,\ t_m+T_p]$，$t_0<t_m<t_k$。$\boldsymbol{u}(s,\ t_m)$在此前记忆的序列集合 $\boldsymbol{l}_k$ 中读取，$\boldsymbol{u}(s,\ t_m)$按照相同时序依次注入当前通信信道中。此时系统将变为

$$\dot{\boldsymbol{x}}_r = \phi(\boldsymbol{x}_r(s),\ \boldsymbol{u}_r(s)) = f(\boldsymbol{x}_r(s)) + h(\boldsymbol{x}_r(s))\boldsymbol{u}(s,\ t_m) \tag{8-29}$$

$\boldsymbol{x}_r(s)$为系统遭受重放攻击时的状态值。

8.3.2 防御机理

在信息安全领域防御重放攻击的常规解决办法是“挑战应答”、时间戳、序号等方法。而在控制理论领域主流且有效的理论主要是采用 χ^2 分布、物理水印等方法对重放攻击进行检测。而 ETMPC 系统可能对重放攻击更加敏感，因为当事件触发控制器被频繁触发时系统就可怀疑网络通道中有重放攻击的存在。在系统检测到重放攻击存在之后系统将根据历史安全数据和系统运行过程中的多种参数，根据耦合的函数关系，分析计算得到间接的控制样本 $\boldsymbol{u}_c(t_k)$并将其应用至当前系统，直至威胁解除，此时出于系统安全考虑事件触发器将退出工作，即每一时刻都触发。此时系统方程可描述为

$$\dot{\boldsymbol{x}}_c = \phi(\boldsymbol{x}_c(t_k),\ \boldsymbol{u}_c(t_k)) = f(\boldsymbol{x}_c(t_k)) + h(\boldsymbol{x}_c(t_k))\boldsymbol{u}_c(t_k) \tag{8-30}$$

另外，从闭环控制系统的角度考虑，在控制回路实施的攻击不仅影响被控物理系统的运行，若攻击行为没有被及时检测和隔离，物理系统中被攻击产生的运行结果将会通过反馈回路传给控制器，进一步影响控制器的决策结果。

本章小结

本章主要阐述了事件触发模型预测控制策略的安全性能研究。首先介绍了信息物理融合系统中常见的几种网络攻击形式，并说明了第 5 章设计的预测控制算法能够抵御一定的 DoS 攻击；其次，针对受 FDI 攻击的网络自触发模型预测控制系统，提出了一种有效的安全控制算法，设计了一种基于少数重点加密数据的控制信号重构方法，在既保证系统稳定性又保留尽可能长的触发间隔的原则下，建立了需要高级加密数据的选取方式，并对系统的相关性能进行了理论证明和仿真验证。最后，简单阐述了另外一种常见的攻击形式(重放攻击)和防御策略。

第 9 章　基于事件触发机制的轮式移动机器人预测控制实验案例及分析

轮式移动机器人是各种移动机器人中最常见也是最重要的移动机器人之一，具有承载能力大、移动速度快、运动稳定以及能源利用率高等特点。因此，轮式移动机器人具有很高的使用价值和广泛的应用前景，目前正在向工程实用化方向迅速发展，也是目前智能机器人技术发展的主要方向之一[72]。

为进一步验证所提出的事件触发预测控制策略的正确性和有效性，本章将通过一台差分驱动的轮式移动机器人进行路径跟踪实验，深入分析其采用事件触发预测控制策略时和不采用事件触发预测控制策略时的跟踪效果，验证所提出的事件触发预测控制策略的作用。

9.1　实例对象简介

本章选择后轮驱动的中轴对称轮式移动机器人(如图 9 - 1 所示)为研究对象，该机器人具有典型的非完整约束，其研究结果可适用于其他非完整系统。

图 9 - 1　轮式移动机器人

9.1.1　硬件系统

该机器人的硬件系统由三部分组成。

第一部分是机器人整体结构的机械框架。这一部分主要由三块铝合金版和一些连接件组成。在底层装配两个带编码器的直流减速电机，对称放置，每个电机连接一个轮子。在中轴线偏前方装配一个从动万向轮。

第二部分是机器人的底层控制硬件。这一部分包括 STM32 开发板、直流减速电机驱动模块、带有充电器的 12 V 可充电锂电池、12 V 转 5 V 的电源模块(给 STM32 供电)和 MPU6050。其中，MPU6050 是 InvenSense 公司推出的全球首款整合性 6 轴运动处理组件，其相较于多组件方案，免除了组合陀螺仪与加速器时间轴之差的问题，同时减少了大量的封装空间。STM32 是一种 32 位的单片机(如图 9-2 所示)，它是嵌入式系统中最常用的核心部件。

图 9-2 STM32 单片机

第三部分是机器人的 ROS 层硬件。这一部分包括树莓派(如图 9-3 所示)、TTL 转 USB 模块(连接树莓派 4b 和 STM32)和传感器(激光雷达)。其中传感器选用思岚 a1 激光雷达(如图 9-4 所示)，采用激光三角测距。树莓派 (Raspberry Pi)是只有信用卡大小的基于 ARM 的微型电脑主板，其系统基于 Linux。以 SD/MicroSD 卡为内存硬盘，卡片主板周围有 1/2/4 个 USB 接口和一个 10/100 以太网接口(A 型没有网口)，可连接键盘、鼠标和网线，同时拥有视频模拟信号的电视输出接口和 HDMI 高清视频输出接口，以上部件全部整合在一张仅比信用卡稍大的主板上，具备所有 PC 的基本功能，只需接通电视机和键盘，就能执行如电子表格、文字处理、玩游戏、播放高清视频等诸多功能。

图 9-3 树莓派

图 9-4　思岚 a1 激光雷达

9.1.2　软件系统

机器人的软件系统主要分为两部分：单片机系统和 ROS 系统。

单片机系统作为机器人的下位机系统，主要负责直流电机的速度闭环控制。它接收由 ROS 系统传递的信息，信息的内容包括左轮设定速度和右轮设定速度。接下来单片机系统通过内部程序进行解算，将左轮设定速度和右轮设定速度转化为可以被电机识别的控制信号，实现对直流电机的速度控制。单片机系统在对电机发送控制信号的同时，也从电机的编码器处采集到编码器信息，通过计算，将编码器信息转化为左轮实时轮速和右轮实时轮速，再传递给 ROS 系统。

ROS 系统是机器人的上位机系统，机器人的大部分功能都将在 ROS 系统中完成。在 ROS 系统中，根据所要完成的功能不同，分为了不同的节点。不同节点的信息传递主要通过话题的发布与订阅进行。下面为几个主要的节点：

(1) 启动节点：启动机器人系统和相关传感器模块。

(2) 通信节点：与单片机系统进行通信，进行话题消息与串口消息的相互转化。订阅/cmd_vel 话题，将机器人整体的设定速度和设定角速度分解为左轮设定速度和右轮设定速度，转化为串口消息，发送给单片机系统。接收单片机系统发来的串口消息，将其转化为机器人整体的实时速度和实时角速度，进一步计算机器人的实时位姿，以/odom 话题的形式发布。

(3) 路径规划节点：订阅/map、/odom 和/goal 话题，通过/map 话题获取地图信息，通过/odom 话题获取当前位姿信息，通过/goal 话题设置目标点，然后使用 A* 算法规划出一条可行的路径，再将规划出的路径以/path 话题的形式发布。

(4) 路径跟踪节点：订阅/odom 和/path，使用模型预测控制算法得到控制量，以/cmd_vel话题的形式发布。

此外还有避障、建图和雷达等多个节点。轮式移动机器人的软件结构如图 9-5 所示。

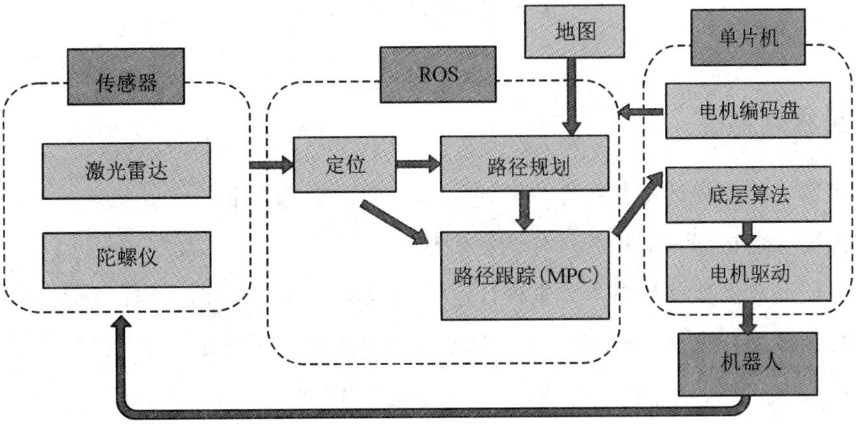

图 9-5 软件结构

轮式移动机器人的通信结构如图 9-6 所示。

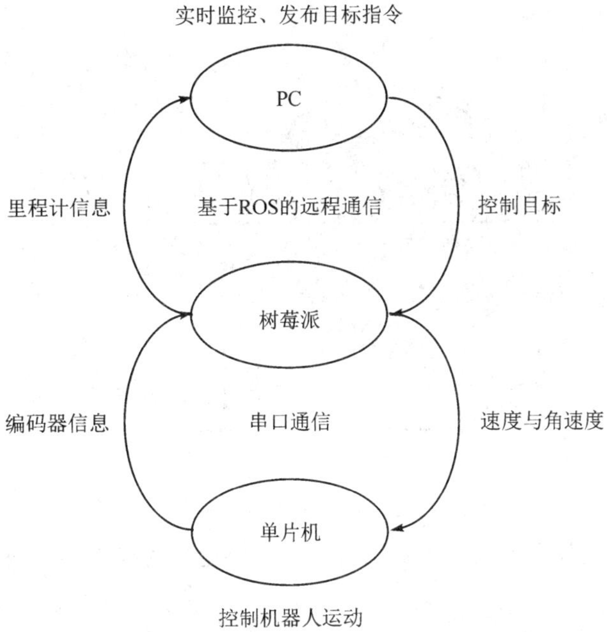

图 9-6 轮式移动机器人的通信结构

在 PC 端和树莓派端都使用 ROS 系统，共同组成机器人的上位机系统。在使用时，PC 端连接上树莓派端的 WiFi，建立基于 ROS 系统的的远程通信服务。可以在 PC 端通过 ssh 指令，远程控制树莓派端，实现对机器人进行远程控制。同时可以将树莓派端订阅的话题信息在 PC 端的屏幕上显示出来，实现对机器人进行实时监控。树莓派端与单片机系统通过 CH340 串口连接，进行通信。

9.2　里程计标定

9.2.1　里程计模型

移动机器人的里程计就是机器人每时每刻在全局坐标系下的位姿状态。常用的导航算法通常都需要移动机器人的里程计作为控制输入[73-74]。

对于不同底盘的移动机器人，里程计模型也是不同的，本节以两轮差分轮式机器人为例介绍里程计模型，如图 9-7 所示。差分轮式机器人始终做的是以 R 为半径的圆弧运动，机器人的线速度为 v、角速度为 ω，左、右轮速分别用 v_l 和 v_r 表示，用 d 表示轮间距，$D=2d$，右轮到旋转中心的距离为 L。

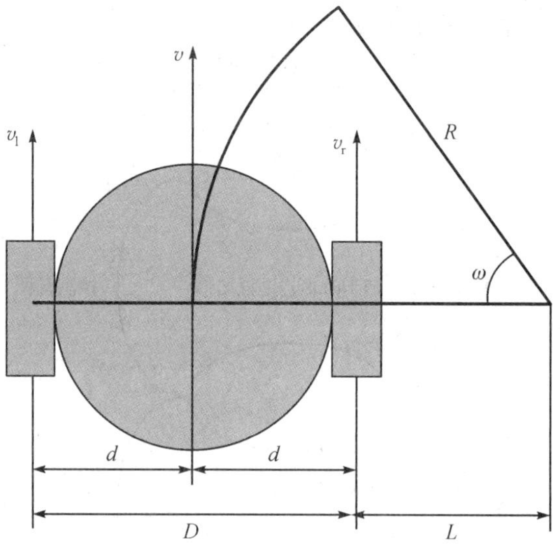

图 9-7　里程计模型

机器人的 ROS 端发送给底盘(单片机)的是想要达到的线速度 v 和角速度 ω，而底盘控制板需要的是左、右轮速 v_l 和 v_r 来进行速度控制。所以，经过简单的几何变换可以得到它们之间的关系：

$$v_l = \omega(L+D) = \omega(R+d) = v+\omega d$$

$$v_r = \omega L = \omega(R-d) = v-\omega d$$

$$v = \omega R = \omega(L+d) = \frac{v_l+v_r}{2}$$

$$\omega = \frac{v_l-v_r}{2d}$$

由上面的公式可以看出，机器人的轮间距影响着左右轮速度以及合成速度之间的变换关系，机器人结构不同，该参数也就不同。

里程计的计算是指以机器人上电时刻为世界坐标系的起点（机器人的航向角是世界坐标系 X 轴正方向）开始累积计算任意时刻机器人在世界坐标系下的位姿。里程计的计算方法通常是利用速度积分进行推算：通过左右电机的编码器测得机器人的左右轮的速度 v_l 和 v_r，在一个短的时刻 Δt 内，认为机器人是匀速运动，并且根据上一时刻机器人的航向角计算得出机器人在该时刻内全局坐标系上 X 轴和 Y 轴的增量，然后将增量进行累加处理，根据以上描述即可得到机器人的里程计。

已知 $t-1$ 时刻位姿 $\boldsymbol{q}=[x \quad y \quad \varphi]^{\mathrm{T}}$，计算 t 时刻位姿 $\boldsymbol{q}'=[x' \quad y' \quad \varphi']^{\mathrm{T}}$：

$$\Delta x = v \cdot \Delta t \cdot \cos\varphi$$

$$\Delta y = v \cdot \Delta t \cdot \sin\varphi$$

$$\Delta\varphi = \omega \cdot \Delta t$$

$$x' = x + \Delta x$$

$$y' = y + \Delta y$$

$$\varphi' = \varphi + \Delta\varphi$$

9.2.2　里程计标定

机器人运行的精度是衡量机器人性能的重要指标。机器人运行的精度受里程计的直线运动的距离误差和旋转运动的方向误差的影响。因此，需要对里程计的直线运动和旋转运动进行标定，以尽量减小误差。

机器人的里程计的偏差通常是由于模型失配引起的，里程计标定即是对机器人模型的调整。通过调整机器人的部分模型参数，可以完成里程计的标定。里程计系统误差的主要来源为左右轮实际直径与标称直径的偏差 e_r 和左右轮实际间距与标称间距的偏差 e_d。其中 e_r 会导致直线运动的距离误差，e_d 会导致旋转运动的方向误差。因此，调整的参数包括左轮轮径 r_l、右轮轮径 r_r 和轮间距 d。

检测机器人是否需要标定，步骤为：

（1）启动机器人，启动激光雷达，打开键盘控制节点，打开 rviz。

（2）对机器人的轮子做标记，标记此时机器人的位置。

（3）键盘控制机器人，前进 10 m 再后退 10 m（原地 1080 度，即转 3 圈），控制机器人回到标记的位置。

（4）观察 rviz 中的 map 坐标系和 odom 坐标系是否重合，如果不重合，表示需要进行直线（旋转）标定；如果基本重合，表示不需要标定。

对机器人进行里程计标定的过程为：

直线标定时，更改左轮轮径 r_l、右轮轮径 r_r；旋转标定时，更改轮间距 d；既需要直线标定又需要旋转标定时，先进行直线标定。

标定后重新检测机器人是否需要标定，直到 map 坐标系和 odom 坐标系重合。

9.3 实验与分析

9.3.1 实验设计

通过对轮式移动机器人进行路径跟踪实验，验证事件触发方法的可行性与优越性。设定事件触发的条件：设定一个阈值，当机器人实际状态与预测控制算法所预测的状态的距离小于阈值时，即满足事件触发条件。

如图 9-8 所示，实线表示机器人的真实轨迹，虚线表示在 t 时刻机器人通过预测控制算法所预测到的未来一段时间内的轨迹，也称为预测轨迹。在 $t+1$ 时刻到 $t+N$ 时刻，机器人满足事件触发条件，不需要求解优化问题，只需要按照顺序逐步执行控制序列中的控制量；由于外部扰动与误差累积等原因，到了 $t+N+1$ 时刻，机器人开始不满足事件触发条件，这时需要重新求解优化问题，获取新的控制序列。

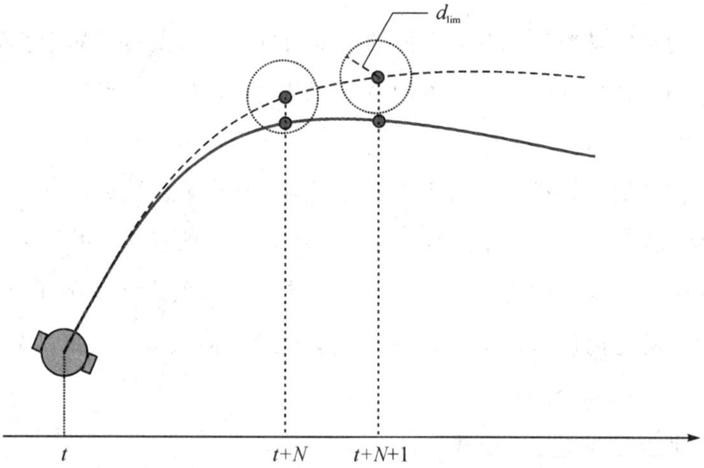

图 9-8 事件触发示意图

设计基于事件触发机制的路径跟踪控制流程如下：

(1) 在 t 时刻，获取里程计信息和路径信息；

(2) 求解优化问题，获得最优控制序列 $\boldsymbol{U}_t$；

(3) $N=1$；

(4) 将最优控制序列的第一组控制量 $\boldsymbol{U}_{t|1}$ 施加给机器人；

(5) 在 $t+N$ 时刻，更新里程计信息和路径信息；

(6) $N=N+1$；

(7) 判断是否满足事件触发的条件，如果不满足事件触发的条件，返回第(2)步，如果满足事件触发的条件，将最优控制序列中的对应时刻的控制量 $\boldsymbol{U}_{t|N}$ 施加给机器人；

(8) 返回第(5)步。

实验设计：选取一个机器人，令这个机器人跟踪一条参考路径。在第一次跟踪参考路径时使用基于时间触发的预测控制算法，在第二次跟踪参考路径时使用基于事件触发的预测控制算法。两次跟踪实验设置相同的机器人的初始位姿、相同的参考路径、相同的预测控制器控制参数。

9.3.2 实验分析

将实验采集到的数据导入到 MATLAB 中，结果如图 9-9 到图 9-12 所示。

图 9-9 对比了两种控制算法下移动机器人的移动轨迹。可以看到，基于时间触发的预测控制和基于事件触发的预测控制在移动轨迹上基本是相同的。

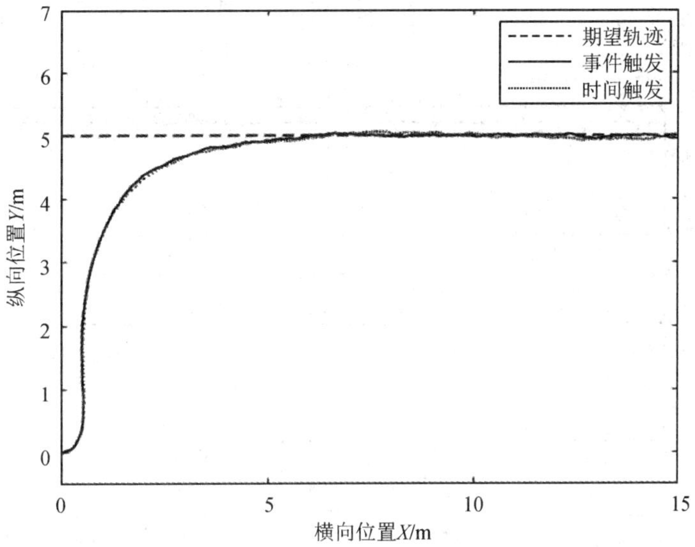

图 9-9 路径跟踪轨迹

无论是对于状态量、状态偏差还是控制量的对比，两种算法都基本相同。说明基于时间触发的预测控制和基于事件触发的预测控制有着基本相同的控制性能。

图 9-13 展示了基于事件触发控制的移动机器人的事件触发判定问题。当判定值为 1 时，满足事件触发条件，无需求解优化问题；当判定值为 0 时，不满足事件触发条件，需要求解优化问题。由图中可以看出，当移动机器人跟踪上了参考路径，并在参考路径上稳定行驶时，更容易满足事件触发条件。

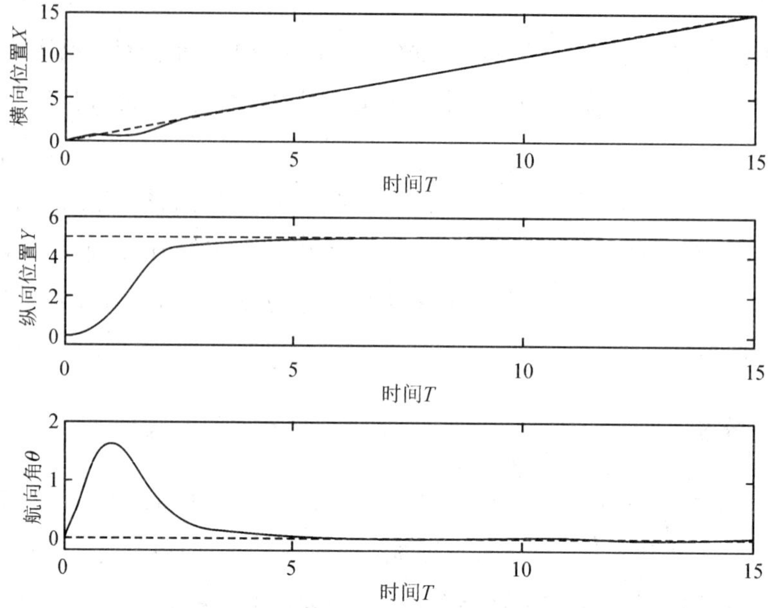

图 9-10 路径跟踪状态量

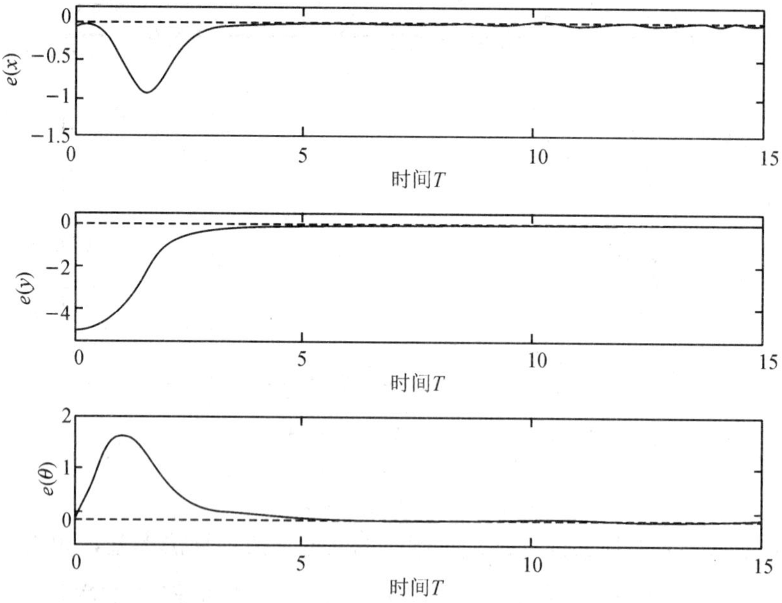

图 9-11 路径跟踪状态偏差量

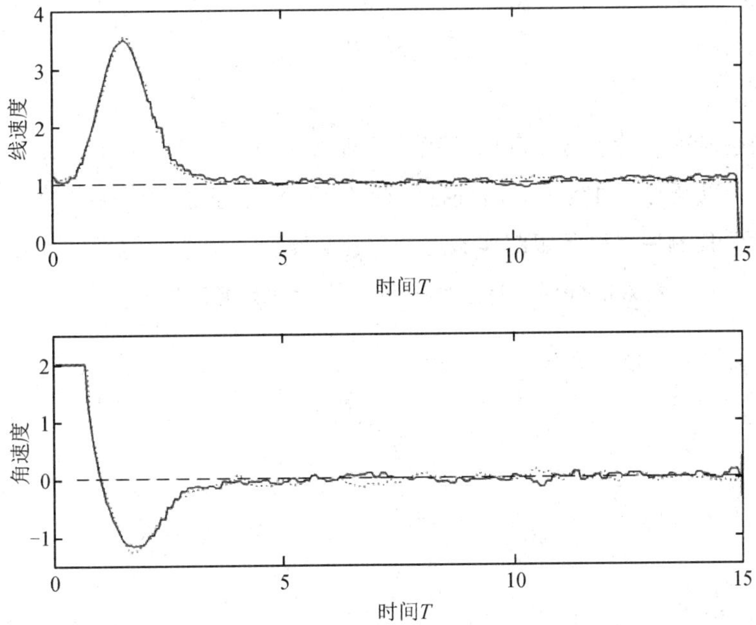

图 9-12　路径跟踪控制量

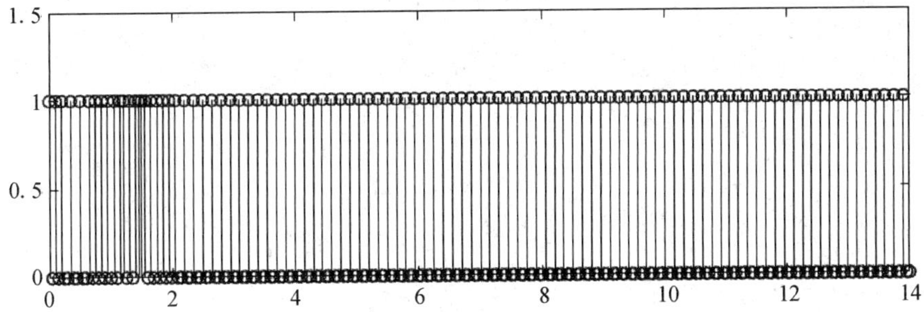

图 9-13　事件触发判定

为进一步量化事件触发的优势，表 9-1 对两种触发方式的优化问题求解次数进行了对比。在总共 15 s 的控制时间内，采用基于触发机制的预测控制算法使系统控制信号的更新次数从 299 次降低到 106 次，节省了约 64.5%的优化计算量。

表 9-1　两种触发方式优化问题求解次数对比

预测控制触发方式	优化问题求解次数
时间触发	299
事件触发	106

本章小结

本章主要包括对两轮差分驱动的轮式移动机器人硬件实验平台的介绍、移动机器人里程计标定方法，以及对事件触发策略进行实验验证。通过基于时间触发的预测控制和基于事件触发的预测控制两组路径跟踪实验进行对比，验证了所提出的事件触发相较于时间触发，能够在保证控制效果的同时，有效地节省计算量和计算时间。

第 10 章　基于事件触发机制的履带式移动机器人预测控制实验案例及分析

为进一步验证所提出的事件触发预测控制策略的正确性和有效性，先通过 MATLAB 搭建算法框架，再通过代码移植的方式将算法编写为 C++代码在移动机器人的 ROS 实验平台进行实验验证。本章实验内容主要包括移动机器人实验平台硬件组成、PC 端和机器人端的环境配置、机器人端速度标定、PC 端 ROS 仿真环境测试、机器人控制系统组网及通信系统测试等环节，在此硬件及网络基础上完成事件触发预测控制算法框架的搭建，以及相应的实验验证。

10.1　实例对象简介

10.1.1　硬件系统

本章所使用实验设备为 REVV－B32 型履带式移动机器人，如图 10－1 所示。该套设备使用模块化的设计理念，较高程度上实现了功能的独立性和接口的一致性，配备高负载能力和高运动精度的直流伺服电机，控制主机选用高性能工业 PC 以及 PCI 式运动控制器，另配备惯性测量单元、里程计、激光扫描测距仪等传感器，该实验平台可广泛用于移动机

图 10－1　REVV－B32 型履带式移动机器人

器人控制算法、地图构建、多传感器信息融合等研究领域。

REVV-B32型履带式移动机器人本体由履带式驱动系统和自主移动机器人结构底座构成。履带机器人运动控制单元主要由直流伺服驱动电机组和高性能多轴运动控制器等组成。履带机器人的驱动方式采用两主动轮差动驱动方式，设备选用了两套高性能300 W直流伺服电机并配备2套直流伺服驱动器组成机器人的动力执行机构，使用48 V铅蓄电池供电，直流伺服电机配套1000线光电编码器作为测量反馈机构，反馈信号经过信号处理后可以得到电机每转2000～4000线的角度分辨率，配合大减速比精密行星减速机为机器人的平滑速度控制提供可靠基础，具体性能参数如下：

(1) 控制基板使用可靠稳定的工控机主板，控制结构使用开放式的PC总线结构，有利于系统的后期扩展。工控机采用低功耗处理器，并使用电子硬盘取代机械式硬盘，有利于移动机器人在运动应用场合下，仍能保证系统的长时间可靠运行。

(2) 履带机器人的无线网卡为TP-LINK的TL-WN322G+，无线通信协议为802.11 g，无线网卡安装在机器人工控机的USB扩展槽中。有效工作距离因环境而异，室内最远100 m、室外最远300 m。

图10-2　激光扫描测距仪

(3) 激光扫描测距仪选择HOKUYO公司URG-04LX 2D(如图10-2所示)激光扫描测距仪，该设备具有测量距离远(4 m、240°)、角度分辨率高(0.36°)、响应时间短(100 ms)以及结构设计紧凑等优点。

10.1.2　机器人操作系统(ROS)

ROS(Robot Operating System)是用于编写机器人软件的一种具有高度灵活性的软件架构。其目标是为了简化多机器人在跨平台协同工作时的难度与复杂度，因此，ROS包含了大量工具软件、库代码和约定协议。基于ROS的分布式架构如图10-3所示。

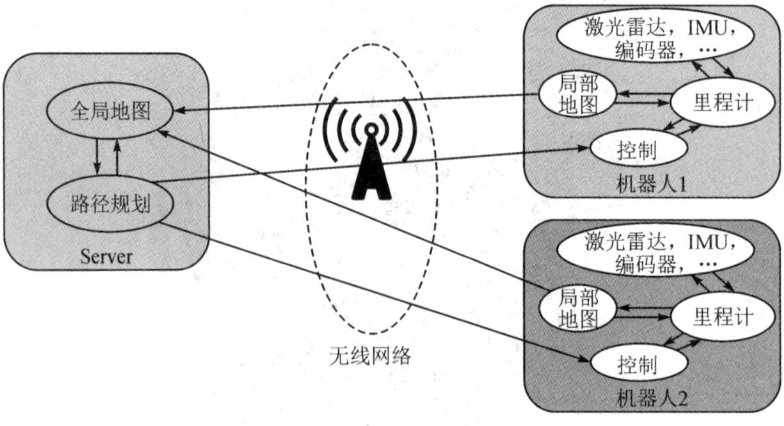

图10-3　基于ROS的分布式架构

分布式处理框架的设计思想可使 ROS 系统中应用实例文件间实现高内聚、低耦合，不仅能避免重复编码，提高代码复用率，还可以方便地对应用进行封装，通过数据包和堆栈的形式在社区或内网中进行共享和分发。

10.2　局域网组建及软件系统设计

10.2.1　局域网组建

REVV - B32 型智能履带式机器人实验平台的工控处理器为奔腾双核，主频为 2.93 GHz，内存为 4G，操作系统为安装了 Indigo 版本 ROS 的 Ubuntu14.04 LTS，利用 802.11 g 无线通信协议与另一台安装相同操作系统及 ROS 版本的笔记本电脑(PC)建立通信，实现远程无线连接并控制机器人的运动。局域网和底层控制结构的连接情况如图 10 - 4 所示。

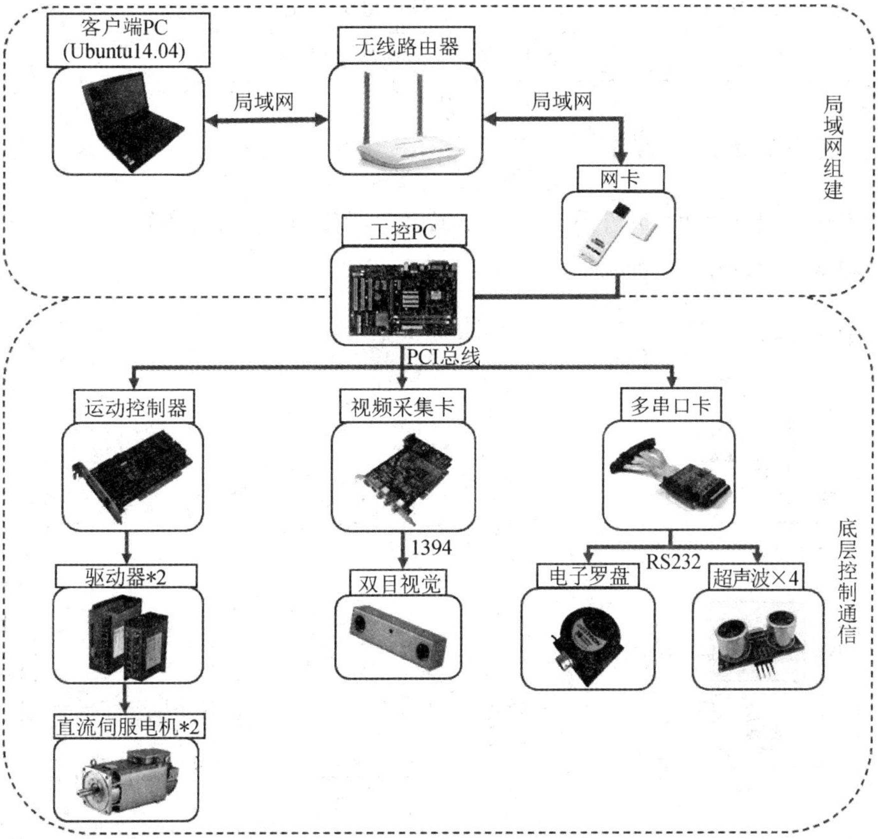

图 10 - 4　局域网组建与底层通信结构

客户端和移动机器人的局域网无线通信参数如表 10－1 所示。其中，客户端对"PermitRootLogin""PubkeyAuthentication""PasswordAuthentication"开启授权。完成机器人网络控制系统组网后，启用机器人主机，通过客户端 PC 可以对其进行话题监听、命令发布的操作，通过 ping 主机 IP 指令还可以查看网络时延。经测试本实验环境中网络平均时延为 17.044 ms。

表 10－1　建立 PC(客户端)与机器人(服务端)的局域网无线通信

组网流程	组网代码
同步时间	sudo apt-get install chrony
获取 IP 与用户名	ifconfig/hostname
客户端配置	export ROS_MASTER_URI=http://192.168.1.103:11311
服务端配置	export ROS_MASTER_URI=http://192.168.43.7:11311
客户端授权	sudo apt-get install openssh-server
	sudo apt-get install ssh
	sudo gedit /etc/ssh/sshd_config
连接主机	ssh robot@192.168.43.7

10.2.2　软件系统设计方案

应用模块化设计思想，软件系统设计方案由三部分构成，即感知定位建图模块、路径规划模块和运动控制模块，如图 10－5 所示。

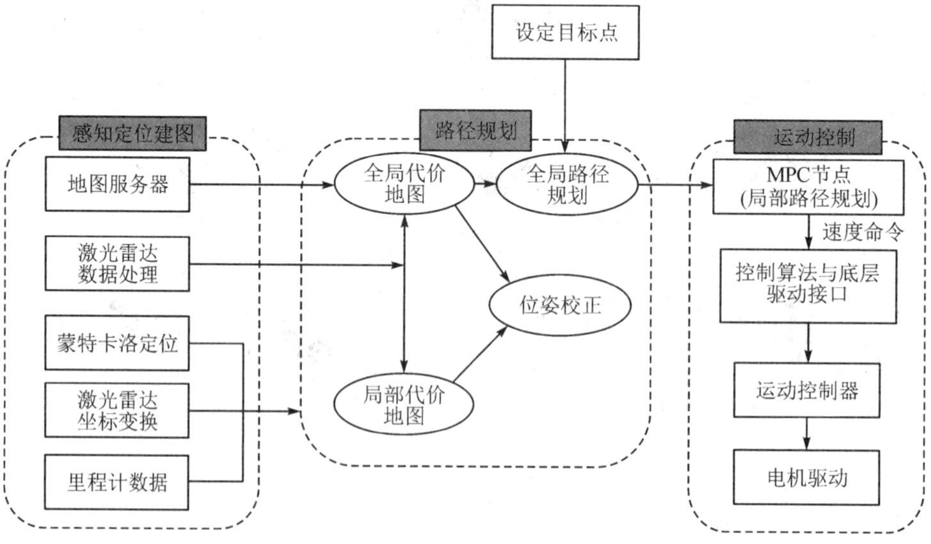

图 10－5　移动机器人软件系统设计框架

感知定位建图模块，其功能是通过传感器和里程计数据信息感知机器人在地图中的位置并实时完成环境信息的构建。首先，自适应蒙特卡洛定位节点通过订阅“\scan” “\map”和“\tf”消息，分别发布新的“\tf”和“\amcl_pose” 消息供“move_base”与“MPC_node”使用。地图服务器发送的是先验地图信息，一般通过 SLAM 建图保存，主流的 SLAM 算法[75-76]有：gmapping、hector 和 Cartographer。考虑到硬件性能，本章选取的是 gmapping 算法，该算法利用粒子滤波对激光雷达节点“\scan”和里程计节点“\odom”提供的信息进行数据融合。

路径规划模块，也是 move_base 的核心部分，主要包括全局及局部的代价地图和路径规划，还有一些修复机制，包括“\rotate_recovery”和“\clear_cost_map_recovery”。在设定目标点后，通过代价地图即可在先验地图中进行全局路径规划，常规的方法有 dijkstra、A^* 和 D^* 等[77-78]。考虑到实验时无动态障碍物且规划路径最短，本章选取 A^* 算法进行全局路径规划。值得注意的是，由于采用 MPC_node 节点进行速度解算并发送速度指令“\cmd_vel”，因此只需将 move_base 中的一次性全局规划路径发送到 MPC_node 节点作为移动机器人的参考轨迹即可。

运动控制模块，主要负责包括速度解算的 MPC_node 节点和将移动机器人速度转化为电机转速的驱动控制节点，具体的硬件结构及信息流如图 10 - 6 所示。此外，MPC 节点除了接收上述信息外，还接收里程计数据“\odom”和目标点信息数据“\goal”。

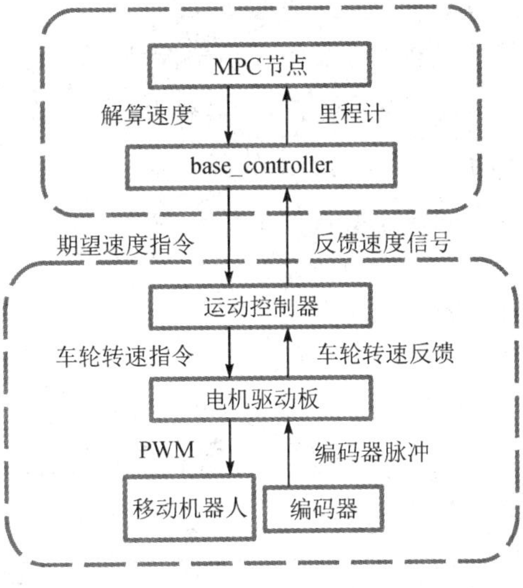

图 10 - 6　上层算法与底层驱动控制结构图

10.3　移动机器人里程计标定

10.3.1　里程计模型

无论是定位导航还是普通的方向控制，在底层控制程序中经常用到里程计(Odometry)

的信息。里程计信息包括位姿和速度(线速度和角速度)，根据采集的信息可进行航迹推演。里程计可以从安装在驱动电机的编码器或直接从惯性测量单元(IMU)传感器中获取数据。但前者会因累计误差及实际使用环境中轮子打滑等因素的影响，使结果出现一定的偏差。IMU 在激光导航建图以及定位算法中有着很重要的应用价值，它能够检测挂载设备的加速度和角速度信号，并自动计算出该设备相对应的姿态。本章采用编码器与 IMU 数据融合的方式获得里程计信息，主要通过官方的扩展卡尔曼滤波包“robot_pose_ekf”来实现数据融合过程。

为验证所提出的事件触发预测控制算法的有效性，需要对里程计进行标定。标定是在测量时，对测试设备的精度进行复核，并及时对误差进行消除的动态过程。其实任何设备在制造装配后，无论制造过程有多精密，误差总是存在的[79-80]。只不过有时候误差在可接受范围内，所以有些设备可以省略标定过程。实验开展前对履带式移动机器人的标定过程是必不可少的。移动机器人是一个具有机械结构装配和电机驱动的设备，机械结构安装会存在误差，电机的性能也会各不相同，实验环境也不尽相同。这样即使控制程序是一样的，在不同环境下具有安装误差和电机性能不同的移动机器人上运行起来移动效果肯定也会不同，所以需要对其移动的线速度和转动的角速度进行标定。只有在标定后，移动机器人的移动距离理论值才会跟实际测量值达到理论一致。这样移动机器人在进行轨迹跟踪时，才能获得更好的定位。

图 10－7 所示是差速移动机器人底盘的运动学模型，假设移动机器人是刚体，其发生的所有运动都可以视作圆弧运动，当 r 趋于 0 时，视为机器人做原地回转运动；当 r 趋于无穷时，视为机器人做直线运动。r 代表机器人的回转半径，v_l、v_r 分别代表左、右轮的线速度，v、ω 分别表示移动机器人的线速度与角速度。

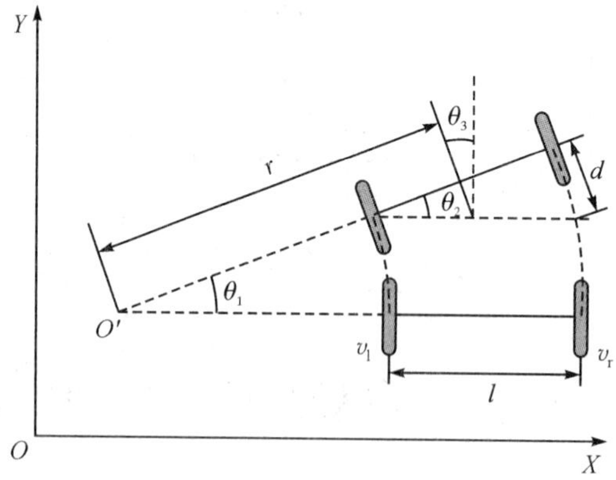

图 10－7　移动机器人底盘的运动学模型

机器人前进的速度等于左右两轮的平均速度，即

$$v = \frac{v_l + v_r}{2}$$

移动机器人航向角变化量 $\theta_3 = \theta_1 = \theta_2$，一般采样间隔较短，有

$$\theta_2 \approx \sin(\theta) = \frac{d}{l} = \frac{(v_r - v_l) \cdot \Delta t}{l}$$

机器人的角速度：

$$\omega = \frac{\theta_1}{\Delta t} = \frac{v_r - v_l}{l}$$

机器人的运动半径：

$$r = \frac{v}{\omega} = \frac{l \cdot (v_r + v_l)}{2(v_r - v_l)}$$

左、右轮速度 v_l、v_r 与转速 n_l、n_r 的关系如下：

$$\begin{cases} v_l = \dfrac{2\pi R n_l}{\alpha 60 \cdot \eta} \\ v_r = \dfrac{2\pi R n_r}{\alpha 60 \cdot \eta} \end{cases}$$

其中，R 表示驱动轮半径，α 表示修正系数，η 表示减速比。根据履带机器人参数可知 $R=5.75$ cm，$\alpha=0.8$，$\eta=32$。

10.3.2　里程计标定

在实验室规划了 3 m 的直线距离用来调试修正实验机器人的线速度误差，标定环境及过程如图 10 - 8 所示。首先，使用“rostopic pub - r 5 /cmd_vel geometry_msgs/Twist '[0.1, 0, 0]' '[0, 0, 0]'”指令，“rostopic pub”表示话题发布命令，“- r 5”表示以 5 Hz 的频率发布此消息，“/cmd_vel”表示指定的话题名称，“geometry_msgs/Twist”表示发布消息的类型名称，其中有 linear 和 angular 两个子消息，可以唯一确定机器人的运动状态，如图 10 - 9所示。

(a) 机器人标定初始　　(b) 机器人标定进行中　　(c) 机器人标定结束

图 10 - 8　机器人标定过程

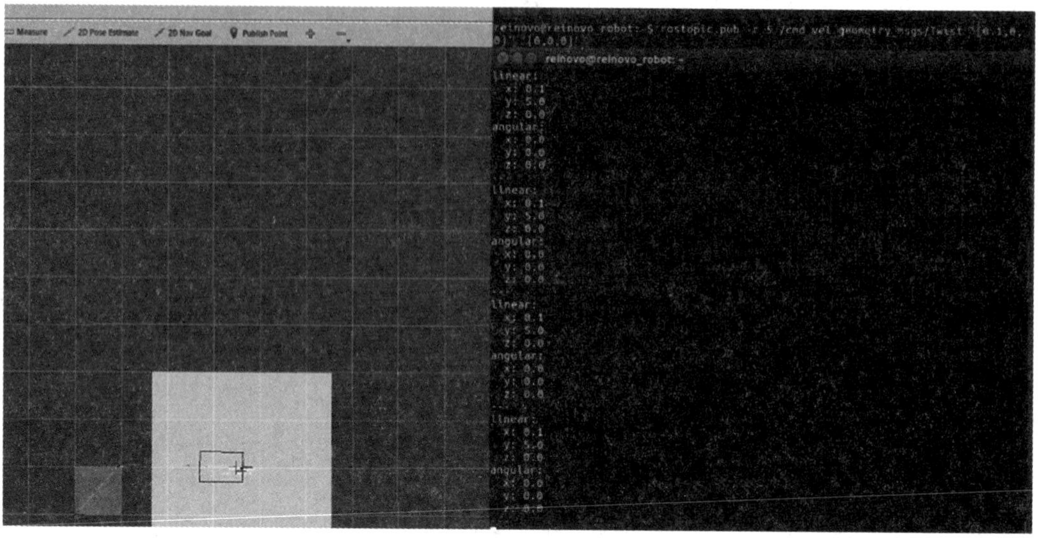

图 10-9　机器人标定 Rviz 仿真

上述命令让机器人以指定速度从起点向前行驶并计时，在终点 3 m 处停止计时并记录时间。实验中，指定速度分别为 0.1 m/s、0.2 m/s、0.3 m/s，每组进行三次测量，标定前后速度如表 10-2 和表 10-3。

表 10-2　标定前速度

理论速度/(m/s)	路程/m	时间/s	实际速度/(m/s)	平均速度/(m/s)
0.1	3	37.53	0.0799	0.0808
		37.13	0.0808	
		36.74	0.0817	
0.2	3	19.04	0.1576	0.1573
		18.66	0.1608	
		19.54	0.1535	
0.3	3	12.44	0.2412	0.2397
		12.58	0.2385	
		12.52	0.2396	

表 10－3　标定后速度

理论速度/(m/s)	路程/m	时间/s	实际速度/(m/s)	平均速度/(m/s)
0.1	3	31.03	0.0967	0.0947
		32.31	0.0929	
		31.68	0.0947	
0.2	3	15.56	0.1928	0.1917
		15.80	0.1899	
		15.58	0.1926	
0.3	3	10.34	0.2901	0.2869
		10.66	0.2814	
		10.38	0.2890	

通过修改"…/my_controller/src/test_base_contorller.cpp"驱动配置文件，按照 10.3.1 节推导的公式及确定参数，分别校正正反解参数，通过调试修正参数来获得较为理想的标定效果。其中正解指已知移动机器人速度求左右两轮速度并转化为左右两轮转速，反解为正解的逆运算。部分底层核心代码如图 10－10 所示。

```
//----------转速--->线速度------------
float m_calculate_l(int vr)
{       //0.202
        float vl;
        vl=vr*0.115*3.1415926/(60*32); //*0.5
        return vl;
}
//----------线速度--->转速--------------
int m_calculate_r(float vl)
{
        int vr;
        vr=(int)(1.05*vl*60*32/(0.115*3.1415926));
        return vr;
}

//-----------正解----------------------
void m_calculate_zj(float tmp_m_vx,float tmp_m_vth,float *tmp_m_vl)
{
        tmp_m_vl[0] = (-0.8 *tmp_m_vx)+(0.259*1*tmp_m_vth);
        tmp_m_vl[1] =  (0.8 *tmp_m_vx)+(0.259*1*tmp_m_vth);
}

//-----------反解----------------------
void m_calculate_fj(float *tmp_md_vl,float *tmp_md_vx,float *tmp_md_vth)
{

        *tmp_md_vx = -0.5*tmp_md_vl[0]+0.5*tmp_md_vl[1];
        *tmp_md_vth = +tmp_md_vl[0]/0.512+tmp_md_vl[1]/0.512;


}
```

图 10－10　控制器驱动配置正反解代码

10.4 实验与分析

10.4.1 实验

对有界扰动下基于事件触发的移动机器人预测控制算法进行轨迹追踪实验，分别验证第 3 章提出的策略一与策略二，并对网络带宽的资源节约情况进行量化分析。实验环境为某车辆所实验室，参考轨迹为 8 m×8 m 矩形的对角线跑道，如图 10-11 所示，跟踪过程如图 10-12 所示。

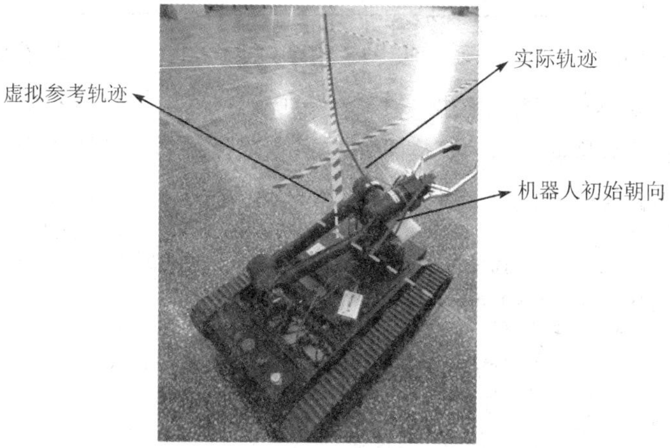

图 10-11　开展轨迹追踪实验的实验环境

(a) 机器人初始位姿　(b) 机器人轨迹跟踪进行中　(c) 机器人轨迹跟踪结束

图 10-12　机器人轨迹跟踪过程

移动机器人的初始位姿是[0, 0, 0]，目标位姿是[8, 8, $\pi/4$]，预测时域和控制时域相等并设置为 20，控制器采样频率为 10 Hz，$-0.3\leqslant\Delta u\leqslant0.3$，历史数据共采样 $N=10$ 组，扰动上界选取多组实验中最大稳态误差 $\rho=0.05$，其他参数与第 3 章仿真参数相同。移动机器人的实时位姿与速度信息通过无线网络进行传输，并在上位机的 Rviz 和 Stageros 中记录实时轨迹，如图 10 - 13 所示。

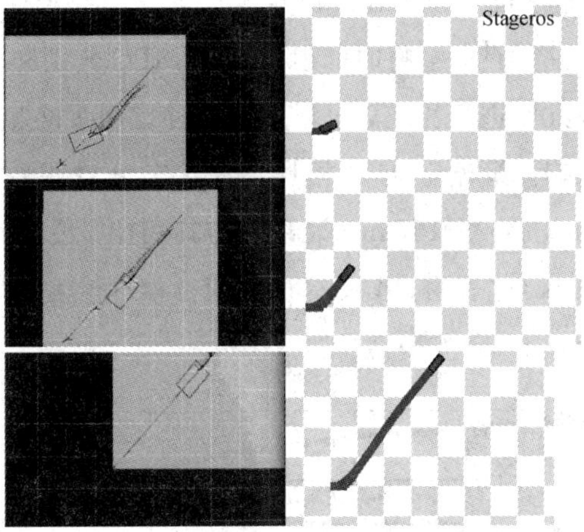

图 10 - 13　上位机中移动机器人实时轨迹跟踪过程

10.4.2　实验分析

将移动机器人的位姿坐标导入到 MATLAB 中，根据式(3 - 44)和式(3 - 46)可以计算得到移动机器人在实验室环境下的阈值曲线和阈值带，如图 10 - 14 所示。

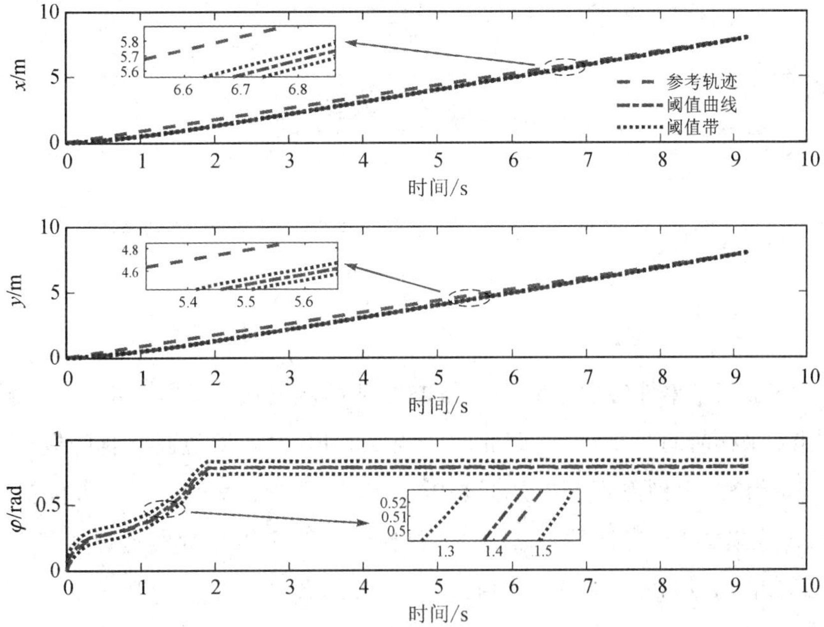

图 10 - 14　实验阈值曲线和阈值带

根据记录的数据，可以通过阈值曲线和阈值带得到各状态分量在时间触发和事件触发下的跟踪误差，如图 10－15 所示。同样，图中用 TT 表示时间触发策略，即每个采样时刻都进行优化问题的求解，ET1、ET2 分别表示对控制器应用第一种和第二种事件触发控制策略。

从图 10－15 的第 3 个子图可以看出，机器人在 1.9 s 时完成了姿态调整，然后逐渐减小 x 方向和 y 方向坐标误差。此外，将时间触发下的 MPC 分别和应用事件触发策略一及策略二的 MPC 在跟踪误差方面进行比较，可以判断两种控制策略相对于时间触发 MPC 对机器人实际控制效果的影响。策略一与其相比，各状态分量跟踪轨迹的最大误差分别为 x：0.0268 m，y：0.0141 m，φ：0.0157 m；策略二与其相比，最大误差分别为 x：0.0258 m，y：0.0333 m，φ：0.0275 m。这表明，本书提出的两种事件触发方案与时间触发预测控制具有相近的控制效果。

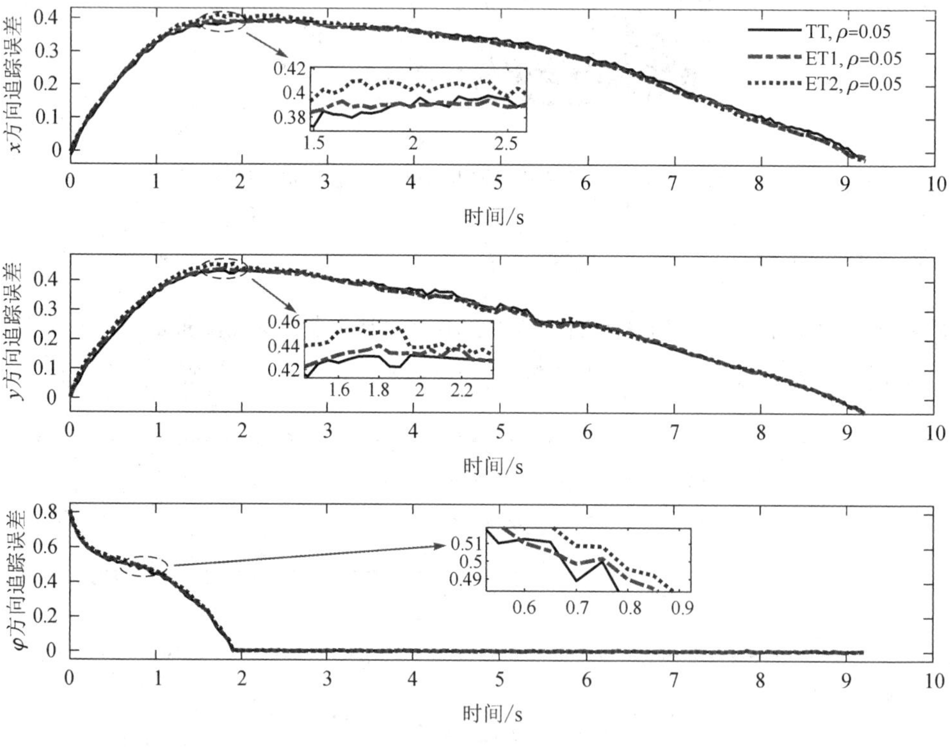

图 10－15　实验状态追踪误差

图 10－16 显示了事件触发策略一和策略二下的触发次数。实验中，轨迹跟踪过程在 9.25 s时结束，采样时间为 0.05 s，因此时间触发 MPC 共需要更新优化问题 185 次，事件触发策略一和策略二分别需要 133 次和 45 次。因此，与时间触发相比，事件触发策略一和策略二可以显著减少优化问题的更新次数。具体地，利用式(3－48)计算知 ET1 和 ET2 分别节省 28.1%和 75.7%的计算资源，由式(3－49)结合网络通信延迟可知，通信时间分别减少了 0.886 s 和 2.385 s。

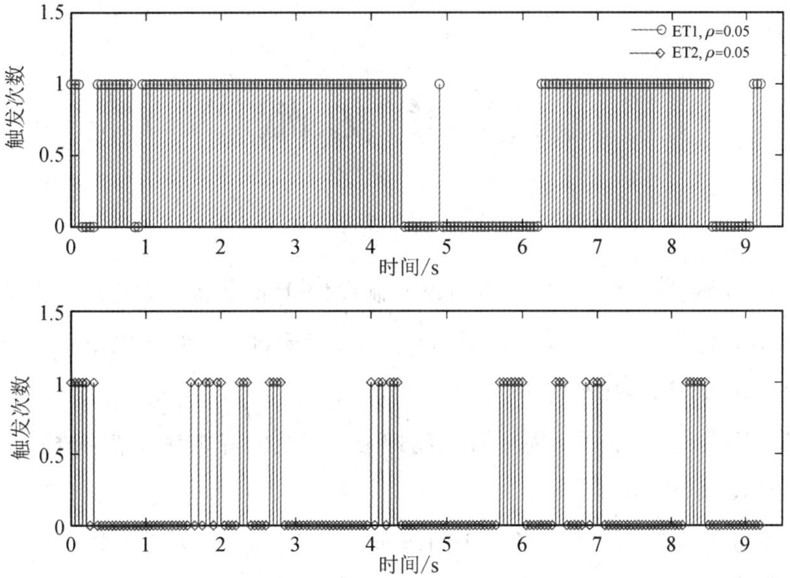

图 10-16　实验阈值曲线和阈值带

本章小结

本章主要包括对履带式移动机器人软、硬件实验平台的介绍，网络化控制中机器人的局域网组建及软件系统设计，移动机器人里程计标定实验，以及对第 3 章提出的事件触发策略进行实验验证。在软件系统设计中较为详细地说明了基于 MPC 的移动机器人轨迹跟踪实验在 ROS 中的设计框架，里程计标定实验在底层驱动层面保证了传感器能够相对快速准确地进行数据采集。实验结果验证了本书所提出的事件触发策略相较于时间触发，能够在保证良好控制效果的同时，有效地节省计算和通信资源。

参考文献

[1] 高永峰. 非线性控制系统的事件触发机制设计[D]. 大连：大连理工大学，2017.

[2] 工业和信息化部装备工业司.《中国制造 2025》规划系列解读之推动机器人发展[J]. 科技导报，2015，33(21)：76－78.

[3] 张彩霞，程良伦，王向东. 基于信息物理融合系统的智能制造架构研究[J]. 计算机科学，2013，40(S1)：37－40.

[4] 黄超. 混成系统设计与验证的若干问题研究[D]. 南京：南京大学，2018.

[5] 冉松. 两轮差速移动机器人仿人智能自适应 Backstepping 点镇定控制[D]. 重庆：重庆大学，2018.

[6] 许韶麟. 多移动机器人的协同定位与导航规划[D]. 广州：华南理工大学，2019.

[7] 王明睿. 轮式移动机器人的轨迹规划研究[D]. 哈尔滨：哈尔滨理工大学，2018.

[8] 孙银健. 基于模型预测控制的无人驾驶车辆轨迹跟踪控制算法研究[D]. 北京：北京理工大学，2015.

[9] YU S, QU T, XU F, et al. Stability of finite horizon model predictive control with incremental input constraints[J]. Automatica, 2017, 79: 265－272.

[10] YU S, LONG X. Finite-time consensus for second-order multi-agent systems with disturbances by integral sliding mode[J]. Automatica, 2015, 54: 158－165.

[11] XU J, GUO Z, LEE T. Design and implementation of integral sliding-mode control on an underactuated two-wheeled mobile robot[J]. IEEE Transactions on Industrial Electronics, 2014, 61(7): 3671－3681.

[12] YANG H, GUO M, XIA Y, et al. Trajectory tracking for wheeled mobile robots via model predictive control with softening constraints[J]. IET Control Theory & Applications, 2017, 12(2): 206－214.

[13] HE N, SHI D, WANG J, et al. Automated two-degree-of-freedom model predictive control tuning[J]. Industrial & Engineering Chemistry Research, 2015, 54(43): 10811－10824.

[14] PAPARUSSO L, KASHIRI N, TSAGARAKIS N G. A disturbance-aware trajectory planning scheme based on model predictive control[J]. IEEE Robotics and

Automation Letters，2020，5(4)：5779－5786.

［15］ 裴远阳. 模型预测控制在轮式移动机器人中的应用研究［D］. 武汉：湖北工业大学，2018.

［16］ 陈超. 基于状态空间模型的快速预测控制算法研究［D］. 上海：华东理工大学，2015.

［17］ 陈虹. 模型预测控制［M］. 北京：科学出版社，2013.

［18］ 张怀品. 多智能体系统的分布式一致性控制及优化问题研究［D］. 武汉：华中科技大学，2017.

［19］ 师晓芳. Stewart 平台车辆模拟器洗出算法研究［D］. 北京：北京理工大学，2015.

［20］ KHASHOOEI B A. Event-triggered control for linear systems with performance and rate guarantees：an approximate dynamic programming approach［D］. Eindhoven：Technische Universiteit Eindhoven，2017.

［21］ Donkers M C F，Heemels W P M H. Output-based event-triggered control with Guaranteed L∞-gain and improved event-triggering［C］. 49th IEEE Conference on Decision and Control (CDC)，IEEE，2011:3246－3251.

［22］ TABUADA P. Event-triggered real-time scheduling of stabilizing control tasks［J］. IEEE Transactions on Automatic Control，2007，52(9)：1680－1685.

［23］ LEHMANN D，HENRIKSSON E，JOHANSSON K H. Event-triggered model predictive control of discrete-time linear systems subject to disturbances［C］. Control Conference (ECC)，2013 European，IEEE，2013：1156－1161.

［24］ EQTAMI A，DIMAROGONAS D V，KYRIAKOPOULOS K J. Novel event-triggered strategies for Model Predictive Controllers［C］. Decision and Control and European Control Conference (CDC-ECC)，2011 50th IEEE Conference，2011:3392－3397.

［25］ LI H，SHI Y. Event-triggered robust model predictive control of continuous-time nonlinear systems［J］. Automatica，2014，50(5)：1507－1513.

［26］ CHEN H，FRANK A. A quasi-infinite horizon nonlinear model predictive control scheme with guaranteed stability［J］. Automatica，1998，34(10)：1205－1217.

［27］ GIRARD A. Dynamic Triggering mechanisms for event-triggered control［J］. IEEE Transactions on Automatic Control，2013，60(7)：1992－1997.

［28］ BRUNNER F D，HEEMELS W P M H，ALLGOWER F. Dynamic thresholds in robust event-triggered control for discrete-time linear systems［C］. 2016 European Control Conference (ECC)，IEEE，2017：983－988.

［29］ POSTOYAN R，ANTA A，NESIC D，et al. A unifying Lyapunov-based framework for the event-triggered control of nonlinear systems[C]. 2011 50th IEEE Conference on Decision and Control and European Control Conference, 2011: 2559 - 2564.

[30] DOLK V S, BORGERS D P, HEEMELS W. Dynamic event-triggered control: Tradeoffs between transmission intervals and performance [C]. //53rd IEEE Conference on Decision and Control, IEEE, 2014: 2764 - 2769.

[31] MOUSAVI S H, MARQUEZ H J. Integral-based event triggering controller design for stochastic LTI systems via convex optimisation[J]. International Journal of Control, 2016, 89(7): 1416 - 1427.

[32] SUN Q, CHEN J, SHI Y. Integral-type event-triggered model predictive control of nonlinear systems with additive disturbance[J]. IEEE Transactions on Cybernetics, 2020, 99: 1 - 9.

[33] LIU C, GAO J, LI H, et al. Aperiodic robust model predictive control for constrained continuous-time nonlinear systems: An event-triggered approach[J]. IEEE Transactions on Cybernetics, 2017, 99: 1 - 9.

[34] 赵云波，袁征，朱创. 无线网络化控制系统的功率感知事件触发策略及其闭环稳定性[J]. 控制理论与应用，2020，37(4)：881 - 887.

[35] 赵莹. 基于事件触发机制的网络化控制系统的协同设计研究[D]. 兰州：兰州理工大学，2016.

[36] 倪洪杰，何德峰，俞立. 轮式移动舞台机器人双模模型预测控制[J]. 系统科学与数学，2018，38(11)：1229 - 1239.

[37] 刘洋，于树友，郭洋，等. 基于滚动时域优化的轮式移动机器人路径跟踪问题研究[J]. 控制理论与应用，2017，34(4)：424 - 432.

[38] 郭洋，于树友，施竹清，等. 基于扰动观测器的轮式移动机器人滚动时域路径跟踪控制[C]. 第 28 届中国过程控制会议，2017：178.

[39] 谢忱. 基于事件触发的非完整轮式移动机器人的轨迹跟踪控制[D]. 哈尔滨：哈尔滨工业大学，2019.

[40] 郭一军. 非完整轮式移动机器人鲁棒轨迹跟踪控制研究[D]. 杭州：浙江工业大学，2019.

[41] 孟庆霄. 基于事件触发机制的网域化多机器人包含控制技术[D]. 太原：中北大学，2020.

[42] BAEK S H, SHIN G B, CHUNG C K. Assessment of the side thrust for off-road tracked vehicles based on the punching shear theory[J]. Journal of Terramechanics, 2018, 79(10): 59 - 68.

[43] WANG X, LEMMON M. Event-triggered broadcasting across distributed networked control systems[C]. American Control Conference, IEEE, 2008: 3139 - 3144.

[44] VERHAEGH J L C, GOMMANS T M P, HEEMELS W. Extension and evaluation of model-based periodic event-triggered control[C]. 2013 European Control Conference (ECC), IEEE, 2013: 1138 - 1144.

[45] HE N, QI L, LI R, et al. Design of a model predictive trajectory tracking controller for mobile robot based on the event-triggering mechanism[J]. Mathematical Problems in Engineering, 2021, 10: 1 - 13.

[46] 刘昌鑫，高剑，徐德民. 一种欠驱动 AUV 模型预测路径跟踪控制方法[J]. 机械科学与技术，2017，36(11)：1653 - 1657.

[47] 姚绪梁，王晓伟. 基于 MPC 导引律的 AUV 路径跟踪和避障控制[J]. 北京航空航天大学学报，2020，46(6)：1053 - 1062.

[48] 梅满，朱大奇，甘文洋，等. 基于模型预测控制的水下机器人轨迹跟踪[J]. 控制工程，2019，26(10)：1917 - 1924.

[49] XU Z, HE L, HE N, et al. Self-triggered model predictive control for perturbed underwater robot systems[J]. Mathematical Problems in Engineering, 2021, 3: 1 - 9.

[50] 张皓，张洪铭，王祝萍. 基于事件触发的无人驾驶汽车路径跟随预测控制[J]. 控制与决策，2019，34(11)：2421 - 2427.

[51] 陆玲，牛玉刚，邹媛媛. 基于事件触发的鲁棒预测控制器设计[J]. 华东理工大学学报(自然科学版)，2015，41(4)：515 - 522.

[52] KARIM S, MOHSEN H. A decentralized event-based model predictive controller design method for large-scale systems[J]. Automatic Control and Information Sciences, 2014, 2(1): 26 - 31.

[53] LI H, SHI Y. Event-triggered robust model predictive control of continuous-time nonlinear systems[J]. Automatica, 2014, 50(5): 1507 - 1513.

[54] HASHIMOTO K, ADACHI S, DIMAROGONAS D V. Distributed aperiodic model predictive control for multi-agent systems[J]. IET Control Theory & Applications, 2015, 9(1): 10 - 20.

[55] HE N, QI L, XU Z, et al. Event-driven model predictive controller for state constrained systems: An input signal reconstruction method[J]. IEEE Access, 2021, 9: 74209 - 74217.

[56] HASHIMOTO K, ADACHI S, DIMAROGONAS D V. Self-triggered model predictive control for nonlinear input-affine dynamical systems via adaptive control samples

selection[J]. IEEE Transactions on Automatic Control, 2015, 62(10): 2555 - 2564.

[57] HE N, SHI D. Event-based robust sampled-data model predictive control: A non-monotonic Lyapunov function approach[J]. IEEE Transactions on Circuits and Systems I: Regular Papers, 2017, 62(10): 2555 - 2564.

[58] ZHU Y, OZGUNER U. Robustness analysis on constrained model predictive control for nonholonomic vehicle regulation[C]. American Control Conference, 2009: 3896 - 3901.

[59] HE N, SHI D W, et al. Self-triggered model predictive control for networked control systems based on first-order hold[J]. International Journal of Robust and Nonlinear Control, 2018, 28(4): 1303 - 1318.

[60] 王晨旭，李景虎，喻明艳，等. 基于 FPGA 平台的 Piccolo 功耗分析安全性评估[J]. 电子与信息学报，2014，36(1)：101 - 107.

[61] HE N, DU J, XU Z. Event-Triggered MPC of linear systems with bounded disturbance: An integral-type approach[J]. Frontiers in Control Engineering, 2021, Submitted.

[62] 刘月笙，贺宁，贺利乐，等. 基于机器学习的轮式移动机器人模型预测控制参数整定[C]. 第一届全国预测控制及智能决策大会，上海，2021

[63] GAO L, CHEN B, YU L. Fusion-based FDI attack detection in cyber-physical systems[J]. IEEE Transactions on Circuits and Systems II: Express Briefs, 2019, 67(8): 1487 - 1491.

[64] PASQUALETTI F, DÖRFLER F, BULLO F. Cyber-physical attacks in power networks: Models, fundamental limitations and monitor design[C]. 2011 50th IEEE Conference on Decision and Control and European Control Conference, IEEE, 2011: 2195 - 2201.

[65] ZHU M, MARTINEZ S. On the performance analysis of resilient networked control systems under replay attacks[J]. IEEE Transactions on Automatic Control, 2013, 59(3): 804 - 808.

[66] 贺宁，马凯，傅山，等. FDI 攻击下自触发预测控制安全策略研究[J]. 控制工程，2021.

[67] PANG Z H, FAN L Z, SUN J, et al. Detection of stealthy false data injection attacks against networked control systems via active data modification[J]. Information Sciences, 2021, 546: 192 - 205.

[68] 徐彬彬，洪榛. 网络化倒立摆系统的偏差攻击及其检测方法[J]. 上海交通大学学报，2020，54(7)：697 - 704.

[69] 王大康，杜海山，等. 信息安全中的加密与解密技术[J]. 北京工业大学学报，2006，32(6)：497 - 500.

[70] 贾玉福，石坚. 无线传感器网络安全问题分析[J]. 网络安全技术与应用，2005(1)：46－49.

[71] 葛辉. 网络攻击下信息物理融合系统的安全控制方法研究[D]. 南京：南京邮电大学，2018.

[72] EQTAMI A，HESHMATI A S，DIMAROGONAS D V，et al. Self-triggered Model Predictive Control for nonholonomic systems[C]. Control Conference (ECC)，2013 European，2013：638－643.

[73] 康亮. 自主移动机器人运动规划的若干算法研究[D]. 南京：南京理工大学，2010.

[74] 王消为. 基于激光雷达与双目视觉的移动机器人 SLAM 技术研究[D]. 西安：西安建筑科技大学，2018.

[75] 王消为，贺利乐，赵涛. 基于激光雷达与双目视觉的移动机器人 SLAM 研究[J]. 传感技术学报，2018，31(3)：394－399.

[76] 刘海霞. 履带式移动机器人的避障控制[D]. 沈阳：东北大学，2010.

[77] 李培新，姜小燕，魏燕定，等. 基于跟踪误差模型的无人驾驶车辆预测控制方法[J]. 农业机械学报，2017，48(10)：351－357.

[78] 白国星，刘丽，孟宇，等. 基于非线性模型预测控制的移动机器人实时路径跟踪[J]. 农业机械学报，2020，51(9)：47－52＋60.

[79] 吴海东，司振立. 基于线性矩阵不等式的智能车轨迹跟踪控制[J]. 浙江大学学报(工学版)，2020，54(1)：110－117.

[80] 刘安东，李佳，滕游. 多移动机器人编队的鲁棒预测控制[J]. 控制工程，2018，25(02)：267－272.